长江口水生生物资源与科学利用丛书

长江口北部滩涂贝类资源与增养殖

吉红九 张 虎 陈淑吟 赵永超 等编著

U0252330

科学出版社

北 京

内 容 简 介

本书是一部概述长江口沿海区域(江苏)贝类生境与资源的专著。全书共分为6章,第1章主要从地理、气候、水文、生物与非生物环境等几个方面介绍长江口沿海区域(江苏)贝类生境概况;第2章主要介绍该区域贝类资源状况的调查结果,并简要介绍贝类养殖和贝类增殖放流基本概况;第3章主要介绍该区域常见贝类生物学及生态习性;第4章主要从贝类苗种培育、贝类滩涂养殖、贝类池塘养殖、贝类的灾敌害及其防除、典型贝类高效养殖模式介绍几个方面介绍该区域贝类增养殖技术的发展概况;第5章主要以文蛤养殖业为例,介绍贝类产业结构、产业特征及该产业面临的主要挑战;第6章主要介绍该区域文蛤、青蛤、缢蛏、泥螺等重要经济贝类繁育、养殖技术。

本书可为水产养殖专业的广大师生和科技工作者提供相关理论与技术参考,也可作为业务主管部门和企业管理人员及相关技术人员的参考书。

图书在版编目(CIP)数据

长江口北部滩涂贝类资源与增养殖 / 吉红九等编著.
—北京:科学出版社,2016.9
(长江口水生生物资源与科学利用丛书)
ISBN 978-7-03-050032-8

Ⅰ.①长… Ⅱ.①吉… Ⅲ.①长江口-滩涂养殖-贝类养殖 Ⅳ.①S968.3

中国版本图书馆 CIP 数据核字(2016)第 231881 号

责任编辑:许 健
责任印制:谭宏宇 / 封面设计:殷 靓

斜 学 出 版 社 出版
北京东黄城根北街 16 号
邮政编码:100717
http://www.sciencep.com

南京展望文化发展有限公司排版
苏州市越洋印刷有限公司印刷
科学出版社发行 各地新华书店经销
*

2016 年 9 月第 一 版 开本:B5(720×1000)
2016 年 9 月第一次印刷 印张:11 3/4 插页 2
字数:171 000
定价:59.00 元
(如有印装质量问题,我社负责调换)

《长江口水生生物资源与科学利用丛书》

编写委员会

《长江口北部滩涂贝类资源与增养殖》

编委名单

主　　编　　吉红九

副 主 编　　张　虎　　陈淑吟　　赵永超

编写人员　　万　宇　　贲成凯　　张　虎　　陈淑吟

　　　　　　赵永超　　吉红九

序　言

　　发展和保护有矛盾和统一的两个方面,在经历了数百年工业文明时代的今天,其矛盾似乎更加突出。当代人肩负着一个重大的历史责任,就是要在经济发展和资源环境保护之间寻找到平衡点。必须正确处理发展和保护之间的关系,牢固树立保护资源环境就是保护生产力、改善资源环境就是发展生产力的理念,使发展和保护相得益彰。从宏观来看,自然资源是有限的,如果不当地开发利用资源,就会透支未来,损害子孙后代的生存环境,破坏生产力和可持续发展。

　　长江口地处江海交汇处,气候温和、交通便利,是当今世界经济和社会发展最快、潜力巨大的区域之一。长江口水生生物资源十分丰富,孕育了著名的"五大渔汛",出产了美味的"长江三鲜",分布着"国宝"中华鲟和"四大淡水名鱼"之一的淞江鲈等名贵珍稀物种,还提供了鳗苗、蟹苗等优质苗种支撑我国特种水产养殖业的发展。长江口是我国重要的渔业资源宝库,水生生物多样性极具特色。

　　然而,近年来长江口水生生物资源和生态环境正面临着多重威胁:水生生物的重要栖息地遭到破坏;过度捕捞使天然渔业资源快速衰退;全流域的污染物汇集于长江口,造成水质严重污染;外来物种的入侵威胁本地种的生存;全球气候变化对河口区域影响明显。水可载舟,亦可覆舟,长江口生态环境警钟要不时敲响,否则生态环境恶化和资源衰退或将成为制约该区域可持续发展的关键因子。

　　在长江流域发展与保护这一终极命题上,"共抓大保护,不搞大开发"的思想给出了明确答案。长江口区域经济社会的发展,要从中华民族长远利益考虑,走生态优先、绿色发展之路。能否实现这一目标? 长江口水生生物资源及其生态环境的历史和现状是怎样的？未来将会怎样变化？如何做到长江口水生生物资源可持续利用？长江口能否为子孙后代继续发挥生态屏障的重要作用……这些都是大众十分关心的焦点问题。

针对这些问题，在国家公益性行业科研专项"长江口重要渔业资源养护与利用关键技术集成与示范（201203065）"以及其他国家和地方科研项目的支持下，中国水产科学研究院东海水产研究所、中国水产科学研究院淡水渔业研究中心、华东师范大学、上海海洋大学、复旦大学、上海市水产研究所、浙江省海洋水产研究所、江苏省海洋水产研究所等科研机构和高等院校的 100 余名科研人员团结协作，经过多年的潜心调查研究，力争能够给出一些答案。并将这些答案汇总成《长江口水生生物资源与科学利用丛书》，该丛书由 12 部专著组成，有些论述了长江口水生生物资源和生态环境的现状和发展趋势，有些描述了重要物种的生物学特性和保育措施，有些讨论了资源的可持续利用技术和策略。

衷心期待该丛书之中的科学资料和学术观点，能够在长江口生态环境保护和资源合理利用中发挥出应有的作用。期待与各界同仁共同努力，使长江口永葆生机活力。

2016 年 8 月 4 日于上海

　　江苏省濒临黄海,浅海滩涂位于长江以北区域。海岸线长达近千公里,
−2 m等深线以上滩涂面积近千万亩,占全国浅海滩涂总面积的25%。江苏浅
海滩涂有着独特的地形地貌和生物群落,潮间带及辐射沙洲海水温度、盐度适
中,水质新鲜,浮游饵料生物丰富,是文蛤、青蛤、泥螺等经济底栖贝类优良的栖
息繁育场所,经济底栖贝类的采捕及养殖生产一直是沿海群众的传统产业。

　　历史上江苏省的滩涂经济贝类产业品种比较单一,主要以文蛤滩涂护养为
主。近年来,随着贝类苗种培育技术的突破及新品种引进力度的加强,青蛤、四
角蛤蜊、缢蛏、杂色蛤等已形成了相当的生产规模,西施舌、大竹蛏等品种也已
具有了良好的研究开发势头,养殖方式也由传统的滩涂护养发展到滩涂投苗增
殖、池塘综合养殖等多种模式。据中国渔业年鉴统计,2014年江苏海水养殖总
产量为93.59万t,其中,海水贝类产量为69.93万t,占到了海水养殖总产量的
3/4。贝类养殖产业占据全省海水养殖的龙头地位,是全省海洋渔业经济发展
的主要影响因子。

　　编著人员长期从事长江口北部滩涂区域重要经济贝类的生态环境、种类资
源、生理习性、繁育养殖等方面的系统研究。多年来,相关工作得到了国家贝类
产业技术体系、科技部攻关计划、江苏省科技计划、江苏省海洋渔业三新工程等
的资助,特别是在"十二五"公益性行业(农业)科研专项经费项目《长江口重要
渔业资源养护与利用关键技术集成与示范》的支持下,研究工作取得了长足的
进展。为了更好地服务于产业发展需求,我们总结了研究成果,同时对相关文
献进行了收集归纳,编写了《长江口北部滩涂贝类资源与增养殖》一书。

　　全书分为六章,较为系统地介绍了长江口沿海区域(江苏)贝类生境概况,
贝类资源状况,贝类生物学及生态习性,贝类苗种生产及养成技术,贝类产业概

况,以及重要经济贝类养殖技术。相关内容对加强长江口沿海区域贝类资源养护,推进贝类养殖产业可持续发展具有一定的参考价值。

本书由吉红九拟定编写大纲并组织编写,各章具体的编写分工为:第1章、第2章,张虎、贾成凯;第3章、第4章,陈淑吟、吉红九、赵永超;第5章,万宇;第6章,吉红九、陈淑吟、赵永超。全书由吉红九、赵永超统稿。于此,对引用相关公开发表文献资料的作者及为本书的编写提出宝贵意见的专家表示衷心感谢。

由于编者水平所限,不足之处在所难免,欢迎读者批评指正。

编者

2016 年 5 月

目 录

第3章 长江口北部滩涂常见贝类生物学及生态习性   24

第 4 章　贝类增养殖

第 5 章　江苏贝类产业结构与特征　　　113

第1章 长江口北部滩涂 区域概况

1.1 区域地理概况

  江苏海岸北起鲁苏交界的绣针河口(119°17′46.04″E,35°05′01.18″N),南至长江口南岸浏河口附近的苏沪交界(121°19′54.05″E,31°30′37.64″N),与崇明岛相邻,海岸线总长为888.95 km,其中长江河口岸线长154.11 km。海岸类型以细粉砂和淤泥质海岸为主,北部海州湾相邻的云台山脉向海延伸处为基岩海岸,向南至长江口都是粉砂淤泥质海岸。南黄海江苏海岸中部外有辐射状沙脊群,南北长达200 km,东西宽90 km,形成独特的海岸和海底地貌。

  连云港市海岸线自绣针河口南岸起至"响灌线",总长度为146.59 km,占全省岸线比例为16.49%。盐城市海岸线从"响灌线"至"安台线",总长度为377.89 km,占全省岸线比例为42.51%。南通市海岸线从"安台线"至启东市连兴港口,总长度为210.36 km,占全省岸线比例为23.66%。其余岸线归于长江河口岸线,占全省岸线比例为17.34%。

  江苏海岸线的主要类型可分为沙质海岸、基岩质海岸和人工海岸。沙质海岸主要位于连云港市区内的凤凰湾海滨浴场等地,该地为岬湾相间型地貌特征,沙质海岸在两侧基岩岬角之间,呈间断分布特点,总长度约为1.33 km。基岩质海岸主要分布在连云港市区西墅和高公岛乡沿岸,总长度约为7.76 km。人工海岸是江苏海岸类型的主体,除上述沙质海岸与基岩质海岸和少量特殊河口外,均为人工海岸。人工海岸的类型有:防潮堤型、防潮闸型、码头型、养殖区型和道路型等(图1-1)。

  江苏沿海滩涂资源丰富,主要分布于沿海三市(连云港市、盐城市、南通市)

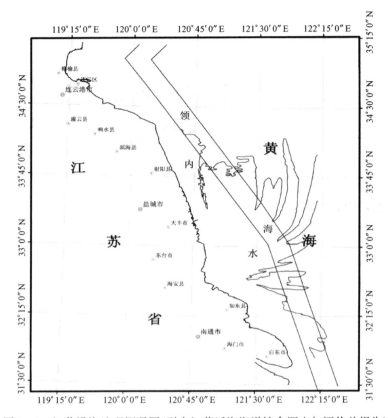

图1-1 江苏沿海地理概况图(引自江苏近海海洋综合调查与评价总报告)

及岸外辐射沙脊群。根据2008年江苏近海海洋综合调查与评价,全省沿海未围滩涂总面积750.25万亩①,其中:潮上带滩涂面积46.12万亩,潮间带滩涂面积704.13万亩,含辐射沙脊群区域理论最低潮面以上面积302.63万亩。连云港市沿海潮上带滩涂面积0.07万亩,潮间带面积29.21万亩;盐城市(不包括辐射沙脊群)沿海潮上带滩涂面积40.1万亩,潮间带面积170.99万亩;南通市(不包括辐射沙脊群)沿海潮上带滩涂面积5.95万亩,潮间带面积201.3万亩。

辐射沙脊群分布于苏北海岸(射阳河口以南至启东蒿枝港)与黄海内陆架海域,南北长约200 km,东西宽约90 km,面积约2万 km²。沙脊群由70多条

---

① 1亩≈666.7 m²

沙脊与脊间潮流通道组成,其中 8 条大型沙脊在低潮位时露出水面,从北向南
为:东沙、麻菜珩、毛竹沙、外毛竹沙、蒋家沙、太阳沙、冷家沙、腰沙、乌龙沙等。
分隔沙脊的潮流通道及潮水沟汊众多,大型通道的水深超过 10 m,甚至更深。
主要的潮流通道有 9 条:西洋、大北槽、陈家坞槽、草米树洋、苦水洋、黄沙
洋、网仓洪、小庙洪等。辐射沙脊群占江苏沿海滩涂比例较大,除理论最低潮面以
上的 302.63 万亩区域外,水深 0~5 m 的沙脊面积为 432 万亩(约 2880 km²),水
深 5~15 m 的沙脊面积为 594 万亩(约 3960 km²),主要分布于条子泥、东沙、毛
竹沙、外毛竹沙、蒋家沙、太阳沙、冷家沙、腰沙等海域(图 1-2)。

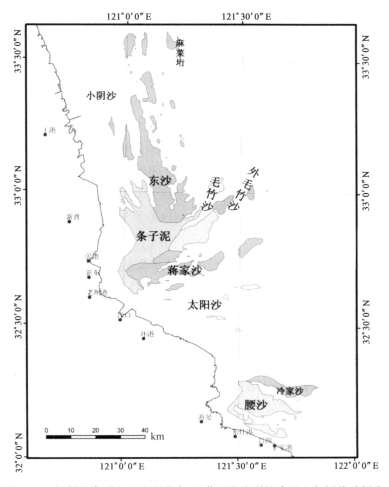

图 1-2　辐射沙脊群主要沙洲分布(江苏近海海洋综合调查与评价总报告)

3

潮间带地貌(面积 3115.65 km²),主要为潮滩地貌、海滩地貌,尤以潮滩地貌为主(面积 3113.62 km²),占潮间带地貌面积的 99% 以上。潮间带宽度以中部辐射沙脊群海岸最宽(最宽达 14 km),向南北两侧逐渐变窄。潮滩地貌细分为高潮位泥滩、中潮位粉砂-淤泥混合滩和低潮位粉砂-细砂滩等。低潮位粉砂-细砂面积广阔(面积 2078.56 km²),约占潮间带面积 67%;中潮位粉砂-淤泥混合滩(面积 565.14 km²)约占 18%,高潮位泥滩(面积 310.79 km²)仅约占 10%,由此可见江苏海岸潮间带主要为粉砂质潮滩。潮间带高潮位泥滩上普遍发育大面积盐蒿或米草。

1.2 气象气候

江苏省地处我国大陆东部,东临黄海,地居长江与淮河下游,主要范围在 31°N～35°N。全省气候具有明显的季风特征,冬半年盛行来自高纬的偏北风,夏半年盛行来自低纬的偏南风。由于省区位于热带和暖温带的过渡地区,南北气候差异明显。以省内长江淮河流域分型,全省可大致平行分为淮北、江淮、苏南三个地区。这三个地区与省内具有海岸线的沿海三个市区(即连云港市、盐城市、南通市)所在纬度大致近似。

在 1986～2006 年的 21 年内,这三个地区的年平均温度及全省总平均气温见表 1-1。作为对比,表 1-1 中进一步列出了北部连云港附近的西连岛和紧邻苏南的崇明岛在同时期的多年年平均气温。表 1-1 显示南北气温的差异是明显的,相差有约 1.5℃,但近岸岛屿的多年年平均气温与沿岸地区的多年年平均气温是近似的。差异仅在 0.1～0.2℃。离岸岛屿温度差异较明显,离岸的达山岛与沿岸西连岛的经纬度相差不大,经度差为 0.5°,纬度差为 0.71°,但多年年平均温度差异近 1.4℃。这与海洋下垫面及气团环流差异影响有关。

表 1-1 江苏省各海域(1986～2006 年)多年年平均气温

地 区	淮北地区	江淮地区	苏南地区	江苏省
多年平均气温/℃	14.6	15.3	16.1	15.3
岛 屿	西连岛		崇明岛	达山岛
近岸海域多年年平均气温/℃	14.8		16.0	13.4

气温在不同季节的主要特征是：冬季(12 月、1 月、2 月)平均气温在 5℃以下，徘徊在 2～5℃。春季(3 月、4 月、5 月)平均气温增长迅速，从 10℃升温到 20℃。夏季(6 月、7 月、8 月)增温幅度相对稳定，平均气温在 24～27℃。秋季(9 月、10 月、11 月)平均气温的降幅也很显著，从 22℃降到约 11℃，幅度在 10℃以上。此外，如果以盐城和大丰作为江淮地区的代表，在 1961～1980 年的 20 年期间，这两地的多年平均气温为 14.2℃和 14.0℃，显然，最近 21 年 (1986～2006 年)江淮气温升高了，达 15.3℃。最近 21 年太阳日照的多年平均情况，即 1986～2006 年的 21 年间的情况见表 1-2。

表 1-2　江苏省各海域(1986～2006 年)多年年平均日照时数

地　　区	淮北地区	江淮地区	苏南地区	江苏省
多年月平均日照/h	181.8	173.3	159.9	171.7
平均年累积日照/h	2181.7	2079.6	1918.2	2059.9
地　　点	西连岛		崇明岛	
近海多年月平均日照/h	203.7		166.3	
近海平均年累积日照/h	2444.0		1996.2	

江苏日照的年内变化是 5 月和 8 月平均日照时数最高达 201 h 左右，1 月和 2 月日照时数最低，不到 141 h。与 1961～1980 年盐城和大丰的日照资料比较，盐城年平均累积日照为 2338.8 h，大丰年平均累积日照为 2267.5 h，而最近 21 年(1986～2006 年)江淮地区的年平均累积日照时数为 2097.6 h，显著少于以前 20 年的平均情况。

降水情况在 1986～2006 年的 21 年间，上述几个地区的多年平均降水量及季节降水特征为：冬季不到 50 mm，春季在 100 mm 以下，夏季雨量充沛，平均降水量在 150～200 mm，秋季降水量显著减少，在 50～80 mm。多年平均年累积降水量(mm)见表 1-3。表 1-3 的资料显示江苏平均年降水量情况在以往 20 年和最近 21 年的变化并不显著。

表 1-3　江苏省多年年平均降水量(mm)

年　　份	江苏省	淮北	江淮	苏南
1986～2006	1019.4	896.9	1044.3	1134.4
1961～1980		赣榆　945.5	盐城　1005.6	
			大丰　1064.0	

1.3 水文特征

1.3.1 温盐分布

1.3.1.1 温盐水平分布

江苏海域水温变化在 5.62~31.00℃,平均温度 17.30℃。表层水温在 5.70~31.00℃,平均为 17.58℃;底层水温在 5.62~30.00℃,平均为 16.78℃ (表 1-4)。

表 1-4 水 温 变 化

季节	表 层/℃				底 层/℃			垂直平均变幅/℃
	最大值	最小值	平均值(1)	平均值(2)	最大值	最小值	平均值	
春季	19.72	11.73	14.34	14.34	17.75	11.56	13.43	0.91
夏季	31.00	23.70	27.47	27.48	30.00	16.80	25.47	2.01
秋季	26.44	15.55	20.74	20.59	26.09	15.66	20.53	0.06
冬季	11.16	5.70	7.75	7.85	10.83	5.62	7.70	0.15

注:平均值(1)为海域所有测站平均值,平均值(2)仅为有垂线站位的平均值

江苏海域盐度介于 2.00~33.99,平均值为 29.53。表层盐度介于 2.00~32.28,平均值为 29.19;底层盐度介于 8.32~33.99,平均值为 29.68(表 1-5)。

表 1-5 盐 度 变 化

季节	表 层				底 层			垂直平均变幅
	最大值	最小值	平均值(1)	平均值(2)	最大值	最小值	平均值	
春季	32.28	22.84	30.36	30.53	32.17	22.65	30.57	0.04
夏季	31.20	2.00	27.55	27.71	32.40	13.80	29.15	1.44
秋季	31.12	15.18	29.06	29.02	33.99	8.32	28.83	0.19
冬季	31.85	21.39	29.80	30.01	31.91	27.65	30.16	0.15

注:平均值(1)为海域所有测站平均值,平均值(2)仅为有垂线站位的平均值

1.3.1.2 温盐垂向分布

海区内,冬季温度、盐度的垂直平均变幅不大,而夏季水温度垂向分布趋势明显。

根据 908 调查 4 个航次 248 条垂线测量结果分析,有 69.8% 的测点表现为水温随深度增加而降低,9.7% 的测点表现为水温随深度增加而升高,20.6% 的

测点水温无明显差异。

248 条垂线测量结果分析是,有 25.8% 的测点盐度随深度增加而降低,47.2% 的测点盐度随深度增加而升高,27.0% 的测点盐度垂向无明显差异。

1.3.2　温盐季节变化

本区受大气和径流影响,水温季节变化明显,而盐度变化不大。盐度季节变化特征为春季、冬季盐度较高,夏季、秋季盐度较低。

1.3.2.1　冬季

近岸海域为低温低盐区,远岸海域为高温高盐区。水温随离岸距离的增加而增加,其中弶港海域形成低温中心,水温为 6℃,而连云港岸外海域为高温中心,水温可达 11℃。冬季盐度相对较高,平均盐度为 29.80(表 1-5),在弶港海域和长江口北支形成低盐中心,盐度最低为 27.0。

1.3.2.2　夏季

在近岸海域表层和底层最高温度都在 29℃ 以上;表层最低温度为 23.7℃,底层为 16.8℃。底层水温水平梯度大于表层,水温垂直平均变幅较其他季节大。低温中心较为显著区在废黄河北侧,表层水温 26℃,而射阳河口形成高温中心,水温达 30℃。夏季盐度表、底层最大值分别为 31.20 和 32.40,最小值分别为 2.00 和 13.80;垂直平均变幅为 1.44,较其他季节垂向分布趋势最为明显(表 1-5)。盐度从岸向海逐渐增加。在长江口北支有一低盐度中心,最低可达 2.00。

1.4　区域生物与非生物环境概况

1.4.1　浅海滩涂湿地

2014 年,射阳河口以南浅海滨海滩涂湿地为 3629.9 km²,其中自然湿地 2641.4 km²,人工湿地 988.5 km²。滨海滩涂湿地总量与 2013 年相比减少。自然湿地和人工湿地总量均较 2012 年减少,主要原因是滩涂围垦开发将自然湿地转变为人工湿地,人工湿地逐渐变为农用或建设用地。滨海湿地目前总的趋势为部分自然湿地转变为人工湿地,部分人工湿地转变为旱地。另外苏北辐射沙洲区域缺乏物质来源,岸滩淤积速率远远赶不上围垦开发速率,沿海大开发,工业、港口、城镇建设占用了大量的人工湿地(养殖塘、盐田等)。

表1-6 射阳河口以南滨海湿地年间变动(km²)

位 置	2012年			2013年			2014年		
	自然湿地	人工湿地	合计	自然湿地	人工湿地	合计	自然湿地	人工湿地	合计
射阳河口—梁垛河口	465	583	1048	424	590	1014	428	667.3	1095.3
梁垛河口—方塘河口	311	54	365	263	129	392	252.8	132	384.8
岸外沙洲	1087	0	1087	1142	0	1142	1124	0	1124
方塘河口—东安闸	507	122	629	489	168	657	469.7	74.9	544.6
东安闸—遥望港闸	337	69	406	187	68	255	178.5	76.1	254.6
遥望港闸以南	197	68	265	205	101	306	188.4	38.2	226.6

1.4.2 水质

2012年,江苏近岸海域符合一类、二类海水水质标准的面积约 12 054 km²,占全省海域面积的 32.1%;符合三类、四类海水水质标准的海域面积分别为 3620 km²、7455 km²;劣于四类海水水质标准的海域面积为 14 371 km²,主要集中在绣针河口以南至羊山岛、灌河口、扁担河口以南至方塘河口如泰运河口以南至长江口等沿岸海域,主要超标物为无机氮和活性磷酸盐。近海、远海海域环境状况总体良好(图1-3)。

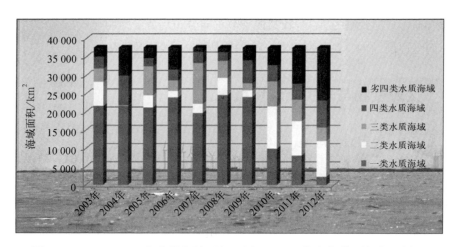

图1-3 2003~2012年各类海域面积(引自2012江苏省海洋环境质量公报)

2013年,江苏海域符合一类、二类海水水质标准的面积约 17 250 km²,占全省海域面积的 46.0%;符合三类海水水质标准的海域面积为 5620 km²;符合四类海水水质标准的海域面积为 5440 km^2；劣于四类海水水质标准的海域面积为 9190 km^2。江苏海域海水中活性磷酸盐、石油类、重金属（铜、铅、镉、铬、汞）和砷含量总体符合一类海水水质标准；主要超标物为无机氮。近岸以外海域环境状况总体良好。

2014 年，江苏海域符合一类、二类海水水质标准的面积约 23 775 km^2，占全省海域面积的 63.4%；符合三类海水水质标准的海域面积为 6051 km^2，占全省海域面积的 16.1%；符合四类海水水质标准的海域面积为 3982 km^2，占全省海域面积的 10.6%；劣于四类海水水质标准的海域面积 3692 km^2，占全省海域面积的 9.8%。水质中油类、重金属（铜、锌、铅、镉、铬、汞）和砷含量总体符合一类海水水质标准；主要超标物为无机氮。近海、远海海域环境状况总体良好。

2015 年，江苏近岸海域符合一类、二类海水水质标准的面积 23 571 km^2，占全省海域面积的 62.9%；符合三类海水水质标准的海域面积为 6862 km^2，占全省海域面积的 18.3%；符合四类海水水质标准的海域面积为 3540 km^2，占全省海域面积的 9.4%；劣于四类海水水质标准的海域面积 3527 km^2，占全省海域面积的 9.4%。水质中 pH、溶解氧、油类、重金属（铜、锌、铅、镉、铬、汞）和砷含量总体符合一类海水水质标准；主要超标物为无机氮。近海、远海海域环境状况总体良好。

1.4.3　底质

目前，江苏海岸并非是传统意义上的粉砂淤泥质海岸，应属粉砂细砂质海岸。潮间带沉积样平均粒径为 4.41Φ，属砂质粉砂；样品分选系数为 1.59；偏态为 1.32，主要为正偏态；峰态为 2.36。潮间带沉积物类型有：砾石、粗砂、中砂、细砂、极细砂、粉砂质砂、砂质粉砂、粉砂、黏土质粉砂。平行于海岸方向上，潮间带沉积物总体上北粗南细、中部最细。垂直于海岸方向上，砂质海滩沉积物由陆向海分布总体呈由粗变细的趋势；与砂质海滩相反，潮滩沉积物由陆向海分布总体由细变粗。与 20 世纪 80 年代相比，近 30 年来，江苏海岸潮间带底质变化明显，目前江苏潮滩应属粉砂细砂海岸，而非上次调查的粉砂淤泥质海岸。潮间带底质呈现出"粗化"的特征，黏土及粉砂质黏土两种最细粒级的底质类型比例很小，主要原因可能是：原来的淤泥质成分较典型的潮上带，随着围垦和岸线不断向海推进，细颗粒为主的潮滩逐渐围垦消失，原中低潮位的粉砂细砂滩比例上升，而不是潮滩物质泥沙的粒径变粗。

潮间带沉积类型有：砾石、粗砂、中砂、细砂、极细砂、粉砂质砂、砂质粉砂、粉砂和黏土质粉砂。粒径的平均值为 4.41Φ，粒级为粗粉砂；粗颗粒组分为极粗砂，为 -0.44Φ；细颗粒组分为极细粉砂，为 7.67Φ。中值粒径平均为 4.2Φ；粗颗粒组分 -0.45Φ；细颗粒组分 7.6Φ。分选系数在 1.00～3.00，平均为 1.59，最小值为 0.26，最大值为 3.79。分选系数与平均粒径基本呈正相关关系，即粗砂和中砂的分选最好，2～4Φ 粒级的分选差异比较大，>6Φ 粒级的沉积物分选系数又相对偏小。偏态最小值为 -2.59，最大值为 3.65，平均为 1.32，主要为正偏态，分选偏差。<0Φ 的粗砂粒级以近于对称、正偏态和很正偏态为主，0～3Φ 粒级的偏态值几乎都近于对称，3～7Φ 粒级以近于对称、正偏态为主，>7Φ 以上的细粒级的偏态值都为近于对称、负偏态和很负偏态，正偏态的只是极少数。峰态最小值为 0.34，最大值为 4.46，平均为 2.36。峰态值<0.72 的窄峰曲线很少，且全部分布在海州湾岸段的砂质海岸海滩上；而潮滩上的大部分沉积物的粒度峰态值多在 2～3，多为宽峰曲线；峰态值>4 的多在河口地区。岸滩沉积物粒径具有垂直岸线分带特征。在粉砂淤泥滩，由海向陆变细，平均粒径都是在低潮水边线最粗；北部海州湾的砂质海岸相反，由海向陆变粗，近岸为中砂或粗砂，低潮水边线附近为细砂或粉砂。江苏海岸潮间带沉积物还具有平行岸线的分布特征，总体北粗南细、中部最细。北部海州湾砂质海滩平均粒径为 1～2Φ，主要是中砂。此外，局部基岩裸露的砾石滩的沉积物最粗，砾石粒径从几厘米至十几厘米。中部粉砂淤泥质潮滩总体最细，平均粒径在 3～6Φ，尤其以射阳河口至琼港一段沉积物最细，主要类型是砂质粉砂与黏土质粉砂类型。南部长江三角洲沿岸沉积物较细，平均粒径在 2～5Φ，主要类型是粉砂质砂与砂质粉砂（附图 1）。

1.4.3.1 北部海州湾区潮间带沉积物特征

从绣针河口至灌河口，北部海州湾区潮间带沉积物为江苏海岸潮间带沉积物最粗的岸段。绣针河口至兴庄河口、烧香河口至埒子河口岸段为砂质海岸，沉积物类型以中砂、细砂、粉砂质砂为主，平均粒径大都是 1～3Φ。西墅至烧香河口岸段主要为岩滩、砾石滩。临洪河口、埒子河口、灌河口等河口沉积物类型为黏土质粉砂，平均粒径大都是 6～7.5Φ。

砂质海岸主要在绣针河口至兴庄河口北，岸滩沉积物平均粒径在 3～4.5Φ，分选较差，以砂质粉砂为主。柘汪至兴庄河口北，平均粒径在 1～2.5Φ，受波浪作用的反复冲刷,分选好,类型以中砂为主。烧香河口到灌河口沉积物平均粒径多在 3～7Φ,分选从中等到差,类型以细砂、粉砂质砂为主。

粉砂淤泥质海岸主要在临洪河口两侧,从兴庄河口以南,临洪河口,到西墅以北,沉积物平均粒径在 6～7.5Φ,分选差,类型为黏土质粉砂。临洪河口北侧约 1.5 m 深柱状样(JD07)揭示,整个柱状沉积物的组分以粉砂和黏土为主。

基岩海岸主要在西墅至烧香河口北发,在岬湾内发育现代海滩,沉积物以中砂为主,平均粒径在 1～2Φ,分选好,分选较差。

1.4.3.2　废黄河三角洲区潮间带沉积物特征

从灌河口至射阳河口,废黄河三角洲为江苏海岸潮间带沉积物平均粒径为 4.47Φ,属极细砂,平均粒径最小值为 0.65Φ,最大值为 6.91Φ;分选系数平均为 1.72,分选程度差。沉积物类型主要有:细砂、极细砂、粉砂质砂、砂质粉砂、粉砂和黏土质粉砂,其中砂占样品总数的 25%,砂质粉砂占 21.9%,粉砂质砂为 28.1%,黏土质粉砂占 21.9%。

沿岸分布具有中段最粗、两翼渐细的特征。废黄河口沉积物粒径最粗,为细砂,平均粒径均值为 3.07Φ,向北往灌河口平均粒径大都是 3～6Φ,以粉砂质砂、砂质粉砂为主;向南往射阳河口方 3～7Φ,以黏土质粉砂、粉砂质砂、砂质粉砂为主。

废黄河口深度约 50 cm 的柱状样 JD21 揭示,其底部 50～27 cm,沉积物以砂和粉砂为主,中值粒径约为 4Φ,而自 25 cm 至表层,沉积物的组分以砂为主,粉砂和黏土含量较少,中值粒径平均约为 2.7Φ。

1.4.3.3　中部海积平原区潮间带沉积物特征

从射阳河口至北凌河口,平均粒径值为 4.47Φ,粒级属粗粉砂,最小为 1.53Φ,最大为 7.29Φ;分选系数均值为 1.57,大部分在 1～2,分选程度总体较差。沉积物类型主要有:细砂、极细砂、粉砂质砂、砂质粉砂、粉砂和黏土质粉砂,其中砂占样品总数的 12.3%,粉砂质砂占 31.6%,砂质粉砂 36.8%,粉砂 7%,黏土质粉砂 12.3%,总体以粉砂质砂与砂质粉砂为主要沉积物。

大致以川东港为界,以北沉积物粒径细,是江苏海岸潮间带沉积物最细的岸滩,沉积物类型以粉砂质砂、砂质粉砂、黏土质粉砂为主,平均粒径大都在 3～6Φ;以南沉积物较北部粗,沉积物类型以砂质粉砂、粉砂质砂为主,平均粒径在 1～5Φ。由陆向海,川东港以南:黏土质粉砂-砂质粉砂-粉砂质砂-极细砂;川东港以南:粉砂-砂质粉砂-粉砂质砂-细砂。

川东港深约 90 cm 的柱状样 JD35 表明,其中粒径值从底部至表层不断增大,砂含量不断增加,但粉砂和黏土含量变化不大。

1.4.3.4 南部长江三角洲区潮间带沉积特征

自北凌河口至圆陀角,沉积物总体平均粒径为 3.85Φ,粒级属细砂,平均粒径值最小为 0.44Φ,最大为 7.35Φ;分选系数均值为 1.60,平均分选程度较差。沉积物类型主要有:粗砂、细砂、粉砂质砂、粉砂、砂质粉砂、黏土质粉砂,其中砂占样品总数的 34.5%,粉砂质砂与砂质粉砂分别占 27.3%,粉砂与黏土质粉砂分别占 5.5%,总体以砂、粉砂质砂与砂质粉砂为主(附图 1)。

沿岸分布以蒿枝港分北粗南细两段。蒿枝港以北潮间带沉积物类型以砂、粉砂质砂和砂质粉砂为主,平均粒径都在 2~5Φ,黏土含量很少;蒿枝港以南沉积物类型以砂、砂质粉砂为主,平均粒径 3~7Φ,较北部更细。由陆向海为黏土质粉砂或粉砂、砂质粉砂、粉砂质砂,至低潮水边线转变为砂。

园陀角深约 1.0 m 的柱状样 JD56 表明,其组分以砂和粉砂为主,二者的含量超过 90%。沉积物的平均粒径自深 89~65 cm 逐渐增大,自 65 cm 至表层又逐渐减小。

2013~2015 年,海洋底质沉积物质量状况总体良好,石油类、总有机碳、硫化物、重金属(铜、锌、铅、镉、铬、汞)、砷、六六六、滴滴涕、多氯联苯均符合一类海洋沉积物质量标准。综合潜在生态风险较低。

1.4.4 饵料生物

2014 年网样共监测到浮游植物 117 种,优势种为中肋骨条藻,平均生物密度为 581.18×10⁴ 个/m³,连云港、盐城、南通海域平均生物密度分别为 57.74×10⁴ 个/m³、266.24×10⁴ 个/m³、1137.37×10⁴ 个/m³,生物多样性指数全年平均为 2.37。浮游植物物种丰富度较高,个体分布比较均匀,多样性指数较丰富。

2014 年共监测到浮游动物 85 种,优势种为双刺纺锤水蚤、小拟哲水蚤、强额拟哲水蚤、近缘大眼剑水蚤、真刺唇角水蚤和拟长腹剑水蚤等,平均生物密度为 2795.83 个/m³,连云港、盐城、南通海域平均生物密度分别为 3114.91 个/m³、2311.25 个/m³、3212.14 个/m³,生物多样性指数全年平均为 2.46。浮游动物物种丰富度较高,个体分布比较均匀,多样性指数较丰富。

2014 年共监测到大型浮游动物 68 种,优势种为中华哲水蚤、真刺唇角水蚤和强壮箭虫等,平均生物密度为 74.80 个/m³,平均生物量为 300.18 mg/m³,连云港、盐城、南通海域平均生物密度分别为 143.32 个/m³、29.30 个/m³、79.62 个/m³,平均生物量分别为 306.08 mg/m³、233.58 mg/m³、391.14 mg/m³,生物多样性指数全年平均为 2.12。浮游动物物种丰富度较高,个体分布比较均匀,多样性指数较丰富。

1.4.5　敌害生物

2014 年江苏近岸海域共监测到游泳生物 126 种,其中春季 84 种,夏季 73 种,秋季 89 种,3 个季节的种类数相当,3 个季节共有种 43 种。各类群中鱼类最多,83 种(66%),虾类次之,24 种(19%),蟹类 13 种(10%),头足类 6 种(5%),江苏近岸海域全年调查游泳生物的主要优势种有 8 种,依次为棘头梅童鱼、三疣梭子蟹、鮸、小黄鱼、口虾蛄、日本蟳、葛氏长臂虾和银鲳。春季的优势种有 11 种,依次为三疣梭子蟹、日本蟳、鮸、口虾蛄、细螯虾、葛氏长臂虾、凤鲚、小黄鱼、赤鼻棱鳀、刀鲚和棘头梅童鱼;夏季的优势种有 8 种,依次为棘头梅童鱼、三疣梭子蟹、鮸、小黄鱼、口虾蛄、镰鲳、海鳗和银鲳;秋季的优势种有 10 种,依次为棘头梅童鱼、口虾蛄、鮸、三疣梭子蟹、日本蟳、葛氏长臂虾、银鲳、刀鲚、红线黎明蟹和鹰爪糙对虾。3 个季节共同的优势种有 4 种,分别是三疣梭子蟹、鮸、口虾蛄和棘头梅童鱼,均为摄食贝类种类(表 1-7)。

表 1-7　2014 年江苏近岸海域游泳生物主要优势种

季节	种　名	出现频率	平均密度/(ind./h)	密度百分比	平均生物量/(g/h)	生物量百分比	优势度
春季	三疣梭子蟹	80.00%	99.55	17.43%	1789.24	24.87%	0.3383
	日本蟳	86.67%	52.70	9.23%	1615.27	22.45%	0.2745
	鮸	90.00%	67.63	11.84%	558.15	7.76%	0.1764
	口虾蛄	86.67%	35.59	6.23%	403.24	5.60%	0.1026
	细螯虾	70.00%	62.05	10.86%	41.08	0.57%	0.0800
	葛氏长臂虾	76.67%	42.65	7.47%	115.19	1.60%	0.0695
	凤鲚	56.67%	60.56	10.60%	111.24	1.55%	0.0688
	小黄鱼	66.67%	11.11	1.94%	467.46	6.50%	0.0563
	赤鼻棱鳀	80.00%	24.81	4.34%	110.59	1.54%	0.0470
	刀鲚	63.33%	16.21	2.84%	88.93	1.24%	0.0258
	棘头梅童鱼	63.33%	7.33	1.28%	146.23	2.03%	0.0210

续　表

季节	种　名	出现频率	平均密度/ (ind./h)	密度 百分比	平均生物量/ (g/h)	生物量 百分比	优势度
夏季	棘头梅童鱼	96.67%	1191.30	44.41%	3766.58	8.40%	0.5105
	三疣梭子蟹	96.67%	149.37	5.57%	14 082.36	31.40%	0.3573
	鮸	96.67%	122.85	4.58%	9525.57	21.24%	0.2496
	小黄鱼	76.67%	528.45	19.70%	5322.39	11.87%	0.2420
	口虾蛄	70.00%	73.69	2.75%	1230.73	2.74%	0.0384
	镰鲳	63.33%	49.71	1.85%	817.02	1.82%	0.0233
	海鳗	40.00%	7.74	0.29%	2302.06	5.13%	0.0217
	银鲳	53.33%	46.25	1.72%	912.14	2.03%	0.0200
秋季	棘头梅童鱼	93.33%	399.08	33.33%	1981.45	11.04%	0.4141
	口虾蛄	90.00%	179.88	15.02%	1997.13	11.12%	0.2353
	鮸	90.00%	13.04	1.09%	3839.85	21.39%	0.2023
	三疣梭子蟹	96.67%	36.62	3.06%	2804.81	15.62%	0.1806
	日本蟳	86.67%	27.16	2.27%	1681.33	9.37%	0.1008
	葛氏长臂虾	90.00%	101.65	8.49%	200.06	1.11%	0.0864
	银鲳	66.67%	44.61	3.73%	1394.01	7.76%	0.0766
	刀鲚	86.67%	47.09	3.93%	248.78	1.39%	0.0461
	红线黎明蟹	43.33%	42.39	3.54%	452.12	2.52%	0.0263
	鹰爪糙对虾	23.33%	100.07	8.36%	173.22	0.96%	0.0218
全年	棘头梅童鱼	84.44%	532.57	35.90%	1964.75	8.42%	0.3742
	三疣梭子蟹	91.11%	95.18	6.41%	6225.47	26.68%	0.3015
	鮸	92.22%	67.84	4.57%	4641.19	19.89%	0.2256
	小黄鱼	64.44%	181.18	12.21%	1975.79	8.47%	0.1333
	口虾蛄	82.22%	96.39	6.50%	1210.37	5.19%	0.0961
	日本蟳	81.11%	31.32	2.11%	1266.79	5.43%	0.0612
	葛氏长臂虾	73.33%	74.56	5.03%	140.13	0.60%	0.0413
	银鲳	53.33%	30.61	2.06%	788.02	3.38%	0.0290

参考文献

江苏省"908"专项办公室．2012．江苏近海海洋综合调查与评价总报告．北京：科学出版社．

江苏省海洋与渔业局．2013．2013江苏省海洋环境质量公报．

江苏省海洋与渔业局．2014．2014江苏省海洋环境质量公报．

第**2**章 区域贝类资源状况

2.1 贝类主要种类

2.1.1 种类组成

江苏全省滩涂共调查发现贝类74种,各季节春季44种,夏季43种,秋季33种,冬季31种。主要有四角蛤蜊、泥螺、文蛤、大竹蛏、西施舌、青蛤、缢蛏、扁玉螺等经济贝类及托氏蝠螺等低值饵料贝类。

各季节主要贝类春季为泥螺、托氏蝠螺、四角蛤蜊、朝鲜笋螺、彩虹明樱蛤及文蛤等;夏季为泥螺、托氏蝠螺、四角蛤蜊、彩虹明樱蛤、光滑河篮蛤、文蛤等;秋季为泥螺、托氏蝠螺、四角蛤蜊、彩虹明樱蛤、文蛤、半褶织纹螺等;冬季为泥螺、彩虹明樱蛤、托氏蝠螺、四角蛤蜊等。

2.1.2 种类分布

不同区域贝类有一定差异,江苏近岸滩涂主要贝类有泥螺、托氏蝠螺、四角蛤蜊、彩虹明樱蛤、光滑河篮蛤、文蛤、半褶织纹螺、朝鲜笋螺等;辐射沙脊群东沙滩主要贝类有泥螺、托氏蝠螺、彩虹明樱蛤、朝鲜笋螺等。

不同底质贝类种类有一定差异,泥质底质主要贝类为泥螺、光滑河篮蛤、半褶织纹螺、彩虹明樱蛤、托氏蝠螺、青蛤、秀丽织纹螺。沙质底质主要种类为四角蛤蜊、光滑河篮蛤等。泥沙质底质主要种类为泥螺、托氏蝠螺、四角蛤蜊、彩虹明樱蛤、文蛤、朝鲜笋螺、扁玉螺、光滑河篮蛤、半褶织纹螺、秀丽织纹螺等。

2.2 贝类资源密度生物量

2.2.1 总资源密度生物量组成

江苏全省潮间带贝类平均生物量为 45.89 g/m²;其中夏季生物量最高为

68.67 g/m^2,秋季次之,为 45.70 g/m^2,冬季为 39.82 g/m^2,春季为 29.36 g/m^2。潮间带贝类平均生物密度为 50.48 ind. /m^2,秋季密度最高为 82.10 ind. /m^2,夏季为 68.51 ind. /m^2,冬季 33.16 ind. /m^2,春季 18.17 ind. /m^2。

2.2.2　资源密度生物分布

近岸滩涂贝类平均生物量为 57.62 g/m^2,平均生物密度为 62.99 ind. /m^2;辐射沙脊群东沙滩贝类平均生物量为 4.81 g/m^2,平均生物密度为 6.72 ind. /m^2。20 世纪 80 年代,江苏省海岸带和海涂资源综合考察队调查(1986)潮间带春秋两个季节调查贝类年平均生物量为 52.38 g/m^2,平均生物密度为 57.19 ind. /m^2。贝类平均生物量略小于 20 世纪 80 年代平均生物量,平均生物密度要小于 80 年代平均生物密度,且生物密度优势类群发生了一定变化。

表 2－1　江苏近岸潮间带贝类生物量资源密度变动比较

区　　域	生物量/(g/m²)	生物密度/(ind. /m²)
908 全省	45.89	50.48
908 近岸	57.62	62.99
908 东沙	4.81	6.72
80 年代	52.38	57.19
80 年代东沙	32.06	96.13

2.3　贝类资源量

江苏全省贝类总资源量约为 23 万 t,各经济种类四角蛤蜊平均生物量为 27.45 g/m^2,资源量约 14.20 万 t,主要分布在如东、大丰及射阳滩涂。

青蛤平均生物量为 3.50 g/m^2,资源量约 1.81 万 t,主要分布在大丰、射阳和如东滩涂。

托氏蜎螺平均生物量为 3.45 g/m^2,资源量约 1.78 万 t,主要分布在如东中潮区。

文蛤主要平均生物量为 2.33 g/m^2,资源量约 1.21 万 t,分布在如东、启东、大丰及东台粉砂质岸段的中低潮区。

泥螺平均生物量为 1.96 g/m^2,资源量约 1.01 万 t,全省除基岩岸段外遍及整个潮间带,主要栖息在泥沙含量较大的中低潮区。

缢蛏平均生物量为 0.45 g/m²,资源量约 0.23 万 t。

表 2－2　江苏潮间带贝类优势种分布与资源量

种　　名	平均生物量/(g/m²)	资源量/万 t	分布区域
四角蛤蜊	27.45	14.20	如东、大丰、射阳
青蛤	3.50	1.81	大丰、射阳、如东
托氏蜎螺	3.45	1.78	如东
文蛤	2.33	1.21	如东、启东、大丰
泥螺	1.96	1.01	全省
缢蛏	0.45	0.23	如东

2.4　贝类养殖基本情况

滩涂资源是我省海水养殖业不可多得的一种自然资源,滩涂贝类一直是我省海水养殖产量最高的种类,主要养殖模式有底播养殖和池塘养殖两种,由于江苏海区独特的滩涂和浅水,适宜开展滩涂底播和池塘养殖,水质浑浊限制了贝类的筏式养殖。目前我省贝类养殖面积共有 116 071 hm²,产量 563 426 t。主要养殖种类有蛤类面积 8029 hm²、产量 349 405 t,螺类面积 19 217 hm²、产量 64 468 t,蛏面积 10 953 hm²、产量 64 989 t,紫贻贝面积 1006 hm²、产量 20 989 t (附图 2)。

2.4.1　底播养殖

底播养殖是指在沿海潮间带和潮下带海域,利用海域地面开展底栖贝类苗种培育或人工播苗护养的生产方式。一般以－20 m 等深线为标准划分浅水和深水,按照此标准江苏沿海大部分海域为浅水海域,适合于开展底播养殖,但又因为具有淤积的特点,所以适合底播的面积受到一定限制。目前全省开展底播养殖的面积 87 488 hm²,按照底质环境的不同,底播养殖可以分为泥沙底质和岩礁底质两大类,而我省 98% 以上的底质均为泥沙底质。江苏沿海多为－10 m 等深线以内的泥沙或沙质的浅海,底播养殖的种类主要有文蛤、青蛤、杂色蛤(菲律宾蛤仔)、四角蛤蜊、大竹蛏、毛蚶、蓝蛤等。

2.4.2　池塘养殖

池塘养殖是指在沿海潮间带滩涂或潮上带围塘(围堰)或筑堤利用潮汐纳水或人工机械提水开展海水经济动物培育和饲养的生产方式。

目前,江苏省海水池塘养殖面积 33 393 hm²,主要分布在连云港市、盐城市和南通市沿海的潮上带和潮间带,全部为土池围海养殖。单池面积 1～6 hm²,绝大部分为 2～4 hm²,平均水深 1.5 m,高标准池塘有水泥板护坡,水深 3 m 左右。既有利用潮汐纳潮取水的,也有机械提水的,正在从大排大灌的传统池塘半精养模式向科学合理环保节能型的清洁生产方式转变,养殖效益比较稳定。

池塘养殖的主要贝类:缢蛏、杂色蛤(菲律宾蛤仔)、文蛤、青蛤、毛蚶等。目前,池塘养殖全省全部采用多品种混养,主要混养模式有两元混养如虾贝混养、三元混养如虾蟹贝混养、鱼虾(蟹)贝混养、四元混养即鱼虾蟹贝混养等。

2.5　贝类增殖放流基本情况

2.5.1　贝类增殖放流区域、品种

贝类增殖是指在一个较大范围内通过一定的人工措施,创造适于贝类繁殖和生长的条件,增加水域中经济贝类的资源量,以达到增加贝类产量的目的。

江苏省增殖放流的贝类主要有文蛤、四角蛤蜊、青蛤、花蛤及大竹蛏等。2005～2014 年共放流文蛤 15 064.9 万只,其中文蛤种贝 795 万只,规格平均壳长为 4.28 cm 左右,文蛤幼贝 14 269.9 万只,规格平均壳长为 2.98 mm,放流海域主要为省管竹根沙海域。2005～2014 年共放流四角蛤蜊 37 128 万只,规格平均壳长为 10 mm,放流海域主要为蒋家沙海域。2005～2006 年共放流青蛤 36 090 万只,共计 1350 kg,放流海域主要为蒋家沙海域。2005 年在海州湾放流花蛤 9609 万只,共计 137 140 kg。2007～2014 年共计放流大竹蛏 62 641 万只,放流区域主要在吕四海域及蒋家沙海域,放流的大竹蛏苗种规格为 4.5 mm 左右(附图 3)。

2.5.2　贝类增殖放流效果

2.5.2.1　大竹蛏增殖放流效果评估

大竹蛏主要生活在砂质底、水质优良的浅海和滩涂,是一种具有重要经济

价值的贝类。省蒋家沙竹根沙海域原先有大竹蛏分布,但由于无序采捕,使得资源量锐减。2007 年省海洋渔业指挥部首次开展大竹蛏放流,开创了渔业资源增殖放流从单一的近海投苗回捕型向滩涂自然增养殖转变。7 年来,蒋家沙竹根沙海域共投放江苏省海洋水产研究所培育的大竹蛏 6.26 亿粒(图 2-1),对蒋家沙竹根沙海域的资源恢复,生态环境的改善起到了重要作用,并已经取得了显著的经济效益和社会效益。

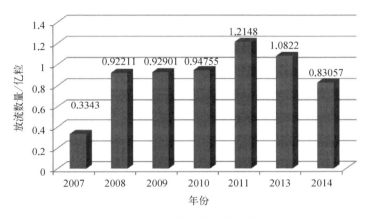

图 2-1 大竹蛏增殖放流量

1. 调查评估方法

开展海上跟踪调查,按照大竹蛏的放流地点及其活动规律,在大竹蛏增殖放流周边水域,布设高、中、低潮区三个地点进行取样,测定其体长、体重、性别比、性腺成熟度、胃饱满度等生物特性。

社会调查,对滩涂钩蛏渔民的单日采捕量进行了随机调查。潮来结束后,随机挑选 11 个钩蛏渔民,对其当日所采捕大竹蛏进行称重统计。

增殖群体判别,采用微量元素分析方法,分析放流苗种和回捕个体利用等离子质谱仪(ICP-MS)对幼苗和成体分别进行微量元素分析。对于大竹蛏幼苗,选取整个贝壳进行微量元素分析。对于成体大竹蛏,选取贝壳核心区(代表幼体期贝壳)及外围区(代表接近捕捞时的成体期)两块区域的贝壳分别进行微量元素分析(附图 4)。

2. 结果与分析

海上跟踪调查结果表明:Ⅲ号位点为本底数据(未放流区域),采捕量为 1

条；Ⅰ号和Ⅱ号位点是历年来放流区域，因此，放流区域平均采捕量为 7 条。据此推算，本地大竹蛏资源量增加明显，为 600%。

社会调查数据统计，平均每人每次钩蛏 2.8 kg，以最低收购价 70 元/kg 计，每人每次获利 196 元。本次跑滩全程跟踪钩蛏渔民在滩面上的钩蛏活动，从下滩开始钩蛏到潮水上来，结束钩蛏上船返航，前后共耗时 2 h，单位时间内效益为 98 元/h。通过和钩蛏渔民面对面交流，获得了他们日常跑滩信息、钩蛏情况、收购及价格等。因此，综合以上因素，对钩蛏渔民的全年钩蛏收益做如下较保守的推算：按每月跑滩 15 天计算，年收益共计 ¥（人民币）＝196 ¥×15 d×10 m＝29 400 元。渔民增收显著。

对放流区域的大竹蛏新生资源结构组成、基础生物学数据进行分析，壳长大小划分为 6 档：① 大于 100 mm；② 大于 90 mm，小于等于 100 mm；③ 大于 80 mm，小于等于 90 mm；④ 大于 70 mm，小于等于 80 mm；⑤ 大于 60 mm，小于等于 70 mm；⑥ 小于 60 mm。本区域 80～90 mm 大小的大竹蛏最多，约占 47%；70～80 mm 大小的大竹蛏次之，约占 29%。因此，反映出 70～90 mm 的大竹蛏是本区域大竹蛏的主体规格，约占 76%。而根据蛏龄分析 2 龄大竹蛏占总量的 97%，大小集中在 70～90 mm。由此可见，2 龄大竹蛏已成为钩蛏渔获量的主体来源，大于 100 mm 的 3 龄蛏存量少，或因 3 龄前即已被采捕，或因生命周期而死亡。间接说明按照现有的放流规模，每一批增殖放流后 2 年的大竹蛏就已成为钩蛏的主要来源，且能满足现有钩蛏规模。

微量元素分析结果显示，大竹蛏贝壳中 Ca 浓度最高，之后依次为 Na、Fe、Sr、Mg、K、Ba、Cu、Mn、Ni、Zn、Co 和 Se。养殖大竹蛏幼苗贝壳中的 Sr（2274 ppm）、Ba（21.1 ppm）和 Mg（204 ppm）与野外采集成体大竹蛏幼体期贝壳中的 Sr（2235 ppm）、Ba（21.5 ppm）和 Mg（199 ppm）极其相近（ANOVA，$P < 0.01$），而远高于成体时期贝壳中的 Sr（1794 ppm）、Ba（15.1 ppm）和 Mg（152 ppm）。这说明野外采集的成体大竹蛏为之前放流的养殖幼蛏。为了进一步证明这点，我们通过对 Sr、Ba 和 Mg 浓度逐步判别分析显示：23 尾占总体 85.2%（15＋8＝23，55.6%＋29.6%＝85.2%）野外幼体期大竹蛏来自养殖幼苗，而另外 4 尾占 14.8% 的野外幼体期大竹蛏来自野生环境，因此野外采集的成体大竹蛏 85% 以上来自放流的养殖幼蛏，增殖放流效果初步显现。

近年来大竹蛏的增殖放流效果是显著的，数量持续增长，大竹蛏资源的恢复状况达到了预期效果,已形成一定的渔获量,当地钩蛏渔民已得到真真切切的实惠,得到了百老姓的肯定。但要实现大竹蛏资源保护和开发利用的合理化,还需进一步加大放流力度,方能实现滩涂大竹蛏资源可持续利用发展的良性循环。

2.5.2.2 文蛤增殖放流效果评估

1. 调查评估方法

开展海上跟踪调查,按照文蛤的放流地点及其活动规律,在文蛤增殖放流周边水域,布设高中低潮区三个地点进行取样,测定其体长、体重、性别比、性腺成熟度等生物特性。

增殖群体判别采用微量元素分析方法,分析放流苗种和回捕个体利用等离子质谱仪(ICP-MS)对幼苗和成体分别进行微量元素分析。对于文蛤幼苗,选取整个贝壳进行微量元素分析。对于成体文蛤,选取贝壳核心区(代表幼体期贝壳)及外围区(代表接近捕捞时的成体期)两块区域的贝壳分别进行微量元素分析。

社会调查,利用铁刨加三齿钩拾取的方法进行采捕统计。在规定时间内,渔民使用铁刨插入滩面一定深度后铁耙按一定倾斜后退,当撞碰到文蛤后即翻出或有震动,然后用三齿钩拾取进行采捕。对所采捕文蛤个体数量、粒重等进行统计,然后根据不同规格文蛤市场价格,计算出单位时间的效益值,进而计算年采捕文蛤经济效益。

2. 调查与分析

跟踪监测非放流区域没有采捕到文蛤,表明蒋家沙该区域文蛤的生物资源量对放流资源的很强依赖性。放流区域中的 3 个采样点中,2 号采样点总数量达到 117 粒,重 3306.7 g,相当可观的资源量。其他几个采样点也采捕到了一定量的文蛤,平均 40 粒、1129 g/单位站点面积(12 m×8 m)。根据 2 号站点捕获量计算放流滩面文蛤亩产高达 23 kg/亩。由此可见放流效果显著。

社会调查数据统计如下:普通一个渔民每小时采捕文蛤的量为 180~230 粒,重 4.5~6.5 kg,样品分析,文蛤规格几乎达到 4 cm 以上,达到上市规格。按照最低产量 4.5 kg 文蛤产量来计算,以市场价格 12 元/kg,单位时间内效益为 54 元。通过和渔民面对面交流,获得了他们日常跑滩信息、采捕文蛤情况、收购及价格等。因此,综合以上因素,对采捕文蛤渔民的全年采捕文蛤收益做如下较保守的推算：若每月跑滩 15 天计算，按照一年有 10 个月出海，年收益共计¥(人民币)＝54¥×2 h×15 d×10 m＝16 200 元。

对渔民捕获文蛤进行分类统计，渔民捕获文蛤中以 2014 年放流的种贝为主，所获平分别占 63％、62％，采捕到了一定量的 2013 年、2014 年放流的标志贝，占总体的 1％～5％。说明这两年放流文蛤回捕率高。若将样品分类为天然野生文蛤和放流文蛤两类，天然野生文蛤比例 26％、27％，不足 30％，而放流文蛤占比例为 70％以上，是渔民采捕的主要对象。从侧面反映了文蛤的生物资源量对放流文蛤数量的依赖性。根据文蛤样品外观特征判别各个站点的样品文蛤中 2014 年放流种贝文蛤占 60％以上，是采捕的主要对象。这可能与近年来放流文蛤以种贝为主有关，放流的文蛤达到了商品规格，可直接采捕，导致历年放流的种贝数量剩下不多的原因。

由生物学分析可见，天然野生文蛤的壳长 33.91～43.08 mm，粒重 12.6～23.99 g，2 龄文蛤为主，其中有部分是近几年放流种贝所产的苗种，文蛤在该滩面得到了繁衍，这是放流种贝后所产生的生态效益。调查所捕获的文蛤壳长基本在 40 mm 以上，这与每年文蛤种贝放流规格要求大于 40 mm 有着直接相关。平均值达到 44 mm 左右粒重约 25 g，结合文蛤壳表明明显的生长线纹，表明今年放流种贝文蛤渐渐适应该滩面环境后快速生长。2012 年放流种贝文蛤经过两年的生长，壳长已增加至 67.59 mm，粒重达到 84.07 g，有了较为明显的增加。

微量元素分析结果显示，文蛤贝壳中 Ca 浓度最高，之后依次为 Na、Fe、Sr、Mg、K、Ba、Ni、Mn、Zn、Cu、Co 和 Se。如东养殖场、浙江养殖场及两沙 3 个采集地点的文蛤贝壳中 Sr、Ba 和 Mg 差异明显，这与 3 个点的环境差异有关。由于本次分析没有对野外采集的文蛤有效分类，因此无法通过微量元素的测定来判定其幼体是来自增殖放流还是自然环境，这需要在后续的工作中进一步加以研究。

2.6　贝类种质资源保护区建设

目前已建立了蒋家沙竹根沙泥螺、文蛤国家级水产种质资源保护区，总面积 17 430 hm²，其中核心区面积 5430 hm²，实验区面积 12 000 hm²。核心区特别保护期为每年的 5～7 月。保护区位于江苏省蒋家沙竹根沙省管海域,其地理坐标在东经 121°16′14″～121°25′11″,北纬 32°41′38″～32°53′22″。该保护区主要保护对象为泥螺、文蛤,保护区内还栖息着四角蛤蜊、青蛤、西施舌、缢蛏等贝类及双齿围沙蚕等底栖物种。

参考文献

王建 . 2012. 江苏省海岸滩涂及其利用潜力 . 北京:海洋出版社 .

张长宽 . 2013. 江苏近海海洋资源与环境基本状况 . 北京:海洋出版社 .

第3章 长江口北部滩涂常见贝类生物学及生态习性

浅海滩涂是江苏省的一大国土资源,面积近千万亩,占全国浅海滩涂总面积的 1/4。

江苏浅海滩涂主要分布于长江口北部,有着独特的地形地貌和生物群落,潮间带及辐射沙洲海水温度、盐度适中,水质新鲜,浮游饵料生物丰富,是经济底栖贝类优良的栖息繁育场所,经济底栖贝类的养殖生产一直是沿海群众的传统产业。

江苏的贝类资源较为丰富,以底栖滩涂贝类为主,现有开展增养殖经济贝类有文蛤、青蛤、菲律宾蛤仔、缢蛏、四角蛤蜊、泥螺、泥蚶、西施舌、皱纹盘鲍、牡蛎等十多个品种。

表 3-1 江苏贝类增养殖种类

主要种类	概况
文蛤	年产 11 万 t,分布面积 180 万亩,其中养殖面积 70 余万亩,主要分布在如东、启东、大丰、东台等沿海的粉沙质滩涂
青蛤	分布面积达 80 万亩,其中养殖面积 3 万多亩,分布在从盐城射阳至南通启东一带
四角蛤蜊	资源量约 10 万 t,其中养殖产量近 3 万 t,全省养殖面积 6 万多亩,是江苏第二大经济贝类
缢蛏	产量超过 1 万 t,养殖面积已达 5 万多亩,主要分布在大丰、东台沿海,江苏从北到南部都有养殖
菲律宾蛤仔	分布面积约 10 万亩,其中养殖面积约 3 万亩,养殖产量约 3000 t,主要分布在连云港沿海
泥螺	栖息于潮间带泥沙滩上,全省沿海广为分布。围养面积约 6 万亩,年产 1 万 t 左右
西施舌	全省沿海均有分布,一般栖息于潮间带下部浅海区,目前只有赣榆、启东开展小面积人工增养殖
皱纹盘鲍	连云港部分海区有鲍分布,养殖的总量为 30 万头
牡蛎	目前连云港海域有筏式吊养方式进行小面积养殖
贻贝	目前连云港海域有养殖面积万亩左右

3.1　贝类的生活环境

影响贝类生长的生活环境可分为两类因子,一类是生物因子,另一类是非生物因子,即理化因子。生物因子包括种间和种内关系;理化因子包括温度、盐度、光照、营养盐、底质、潮汐等。不同的环境因子,对生物的影响不同,即使同一种因子,由于强度不同,对生物的影响也不一样。只有适宜的环境因子,适宜的强度,生物才能正常生存、生长,否则就难以适应,甚至死亡。环境因子也不是孤立存在,彼此间有着极其错综复杂的关系,如温度能影响环境的盐度、溶解氧、营养盐,影响环境理化因子的化学反应速度,也直接或间接地影响其他生物的生命活动,如饵料生物的多寡和种类,敌害生物的危害程度和种类等。在某一特定温度下,环境因子间保持着某种平衡关系。一旦温度改变了,其他因子也随之变化,平衡就被破坏了,变化之后重建新的平衡关系。因此,环境因子对生物的作用是综合的,它们之间相互影响、相互联系、相互制约,共同对生物起作用。任何生物都在一定的环境中生活。它们对环境有一定的要求,同时对环境的变化也有一定的适应能力。作为海洋底栖生物主要类群的贝类也不例外,特别是贝类的养殖,对养殖生态环境的了解更为重要(常亚青,2007)。

3.1.1　理化因子

3.1.1.1　潮汐、波浪和海流

我国沿海滩涂辽阔,具有适合不同种贝类生活所需的底质。潮汐、波浪和海流是良好的滩涂创造者。由于它们不停的运动构成了各种各样的滩涂底质,为贝类的生活提供了良好的生活条件。潮汐、波浪和海流可以带来丰富的营养物质,促使底层营养物质上升,有利于浮游生物繁殖,有利于贝类的生长。

潮汐主要影响着贝类幼虫的分布,从而影响采苗的效果。海流可以携带贝类幼虫到适宜的地方安家落户,扩大其种族的分布,特别是对移动性不大的贝类具有十分重要的意义。

各种贝类对海水运动的适应能力是不同的。泥螺、缢蛏、蛤仔等埋栖贝类,一般喜欢生活在潮汐动荡不大、浪不大、流缓的海区。若潮汐动荡较大、浪大、流急,不仅使底质发生变迁,而且由于稚贝附着能力较差,还会影响稚贝的附着

或使稚贝被水流带走。因此,凡是有埋栖贝类苗种分布的海区,潮汐动荡不大、浪较小、水流较缓。当然无海水运动海区或者海流太小,浪太小,浮泥易下沉的地方,稚贝将不易附着。

潮汐、波浪和海流是良好滩涂和海区的不可缺少条件。然而事物总是一分为二的,自然界又经常发生变化,影响滩涂的性状,造成底质的变迁,甚至破坏某些滩涂,以至影响某些贝类的生活和分布。因此在选择养殖场地时,必须考虑海水运动可能造成的影响,在已经进行养殖的场地,为了防止海水运动可能造成的危害,应该修筑防浪(或防潮、防流)坝,保护滩涂的性状,维护贝类的生长。

3.1.1.2 温度

温度是一切生物生存、生长、发育的重要环境条件。贝类除少数陆生种类受气温影响外,大都生活在水中,受水温的影响。贝类又属于变温动物,体温受环境温度的影响而变化。因此,它与水温的关系尤为密切。

贝类是变温动物,新陈代谢的低水平和缺乏完善的温度调节是它们体温不恒定的主要原因。严寒的冬季能导致贝类的血液及体液的冻结,引起死亡。自然界野生的贝苗、成贝,常因低温造成死亡。因此,在贝类人工苗种培育及养成管理中,要采取防冰和防霜冻的措施。另外,温度过高,会造成贝类呼吸急速、不规则,缺氧窒息,严重时还可造成蛋白质凝固,以至昏迷死亡,因此要采取“防暑”的措施。不管哪一种贝类,对温度均有一个最高、最低和适温范围。超出最高、最低范围,贝类正常的新陈代谢作用受到破坏;在适温范围内,贝类新陈代谢作用旺盛,呼吸与排泄、运动与摄食、变态与生长、性腺发育与繁殖均产生积极作用。因此在养殖生产上要随时注意温度的变化,采取有力措施,抓住适温季节,达到稳产高产的目的。

江苏分布的贝类,如泥蚶、文蛤、缢蛏等,对温度的适应能力强,能适应变化较大的温度范围。文蛤在 5～32℃ 水温范围内均能生长,最适水温为 25～27℃。过高的水温不利于文蛤的生长与存活,甚至会引起死亡。文蛤在 36℃ 的海水中,48 h 死亡率为 13%;38℃ 时,15 h 出现死亡,22 h 的死亡率为 60%;42℃ 时,8 h 全部死亡。文蛤的体质状况不同,对高温的抵抗力也不同,5 月出肉率为 50.7%,体质较强的文蛤在 34℃ 的水温条件下,10 d 内无死亡。7 月上中旬产卵排精后的文蛤,出肉率为 33.2%,在 34℃ 的水温条件下,10 d 内死亡率达 20%(张锡佳等,2007)。在适温范围内,随着温度升高,代谢速度加快,生长发育也加快;反之,温度下降。代谢速度减慢,生长发育也变慢。一般说来,每升高 10℃,代谢率提高 2～3 倍。例如,在日平均水温 26.9℃时,培育的文蛤幼虫从 D 形幼虫变态到转入底栖所需时间最少,只有 115 h,变态成活率高达 74%;而在日平均水温 23.2℃时,变态所需时间最长,需 187 h,变态成活率只有 61%(姚国兴等,2000)。

一种贝类,其不同的发育阶段,对温度的敏感性不一样。在幼龄期,对温度的适应能力弱,要求比较稳定的温度环境,成年期适应能力增强,适应的温度范围也加宽。值得指出的是,即使在适合的温度范围内,温度也不应有剧烈的变化,否则将导致生长发育不良,甚至死亡。于志华等室内试验发现,体长 3 cm的文蛤,在水温 29.8～32.4℃时,经 121 h 未见死亡;当水温在 38℃时,22 h 存活率为 40%,33 h 全部死亡;当水温达 40.5℃时,经 1 h,双壳松弛。此外,由于温度的变化还影响着浮游生物的繁殖与生长,有机物的分解,水中气体含量和酸碱性变化,间接影响贝类的生活与生长(范可章,2006)。

1. 影响摄食、消化和吸收

温度下降,变温动物的大部分效率包括摄食率均会降低,刀蛏,在 2 月水温 11.8℃时,胃内含硅藻为 352.8 个,而在 5～6 月水温为 22.8℃时,胃内硅藻数量达 524.8～618.6 个;缢蛏的摄食强度与水温亦有很大关系,春夏之交摄食强度增强。

2. 影响正常的生活活动

如泥蚶的适温为 -2～36℃,但 8℃以上足才能伸缩运动,3～6℃时仅间断地微开双壳,水流交换量小,3℃以下全日闭壳,-2.5℃出现冻伤,-12℃时一昼夜内死亡。

3. 水温高低影响心搏和耗氧

如花缘牡蛎在水温 5～25℃时,心搏为 3～18 次/min;30～35℃时,达 24～30 次/min;40℃时,14 次/min,45℃时,心搏停止。在 0℃时,呼吸停止;10～25℃,随水温升高耗氧量增加;15℃时呼吸旺盛,呼吸商为 0.76,超过 25℃耗氧反而下降。

4. 水温影响钙的代谢

当水温升高时,贝壳上钙的沉积量增大,水温低时,钙的沉积量小,所以在南方的个体生长较快,贝壳也厚重,在水温低的北方,生长缓慢,贝壳也较薄。

5. 水温影响贝类附着

水温还影响附着性贝类的足丝分泌,从而影响附着。

6. 水温引起贝类生物学的变异

例如,近江牡蛎分布在中潮区而又经常受阳光照射,它的贝壳层一般都比分布于低潮区以下的要厚,这不仅可避免敌害的破坏,而且它还能在高温情况下以较厚的贝壳来减少体内水分的蒸发,这是其适应性的表现。

7. 水温的变化影响浮游生物

水温的变化影响浮游生物的繁殖与生长、有机物的分解、气体含量和酸碱性的变化,也就间接影响贝类的生活与生长。

3.1.1.3 盐度

盐度可简单看作是每千克海水含有盐分的克数。外海海水的平均盐度为35,近海海水的平均盐度为31;河口附近的海水盐度较低,一般为10~25,在雨季甚至低达1左右。

各种贝类对盐度的变化也有最高、最低和最适范围。超出其适应范围,将影响贝类正常代谢的进行。在7~27的盐度范围内,文蛤幼苗的成活率很高并有所增长。文蛤幼苗经短时间淡水浸泡后存活率还比较高,但当浸泡时间延长至12 h,其存活率显著下降为40%(姚国兴等,2000)。曹伏君等(2010)认为,文蛤稚贝适宜生存盐度6.5~39.5,最适生存盐度9.0~31.0;适宜生长盐度7.3~38.7,最适宜生长盐度15~23。文蛤盐度耐受性研究发现,在高盐度组,文蛤稚贝在实验的第1天就出现死亡,一直持续到第10天;而低盐度组的文蛤稚贝,尽管每天的观察中都没有发现沙面上有明显的文蛤移动痕迹,但是出现死亡是从实验的第7天才开始,直到第16天。文蛤对低盐的适应性强于高盐。

在繁殖季节里,海水盐度适当下降可以刺激成熟亲贝产卵,可以根据这个特点,在人工育苗中,采用降低海水盐度方法,诱导亲贝产卵。不少贝类如近江牡蛎、泥蚶等生活于半咸水海区,这类海区大都有一定量的淡水流入。若无一定量的淡水流入,即使成熟了的亲贝也不产卵,会造成贝苗发育生长不良。但是,如果大量降雨,海水盐度降低太大,持续时间较长,也容易造成牡蛎、泥蚶等贝类成批死亡。短时间的降雨可以通过贝壳关闭来抵抗盐度的变化,长时间盐度下降,贝类忍受不了,会造成贝类死亡。

3.1.1.4 光照

贝类的浮游幼虫对光照有不同的反应,初期浮游幼虫大都有趋光性,趋向室内散射光,往往集中在水的表层光亮处;后期幼虫呈现背光性,多趋向暗处或底层。翡翠贻贝的浮游幼虫初期 500~1500 lx 光照比较适宜,后期附着时以 200~500 lx 光照比较好。所以在育苗的不同阶段,要注意控制光照。

3.1.1.5 水质

海水是复杂的溶液,可根据其含量多少和对生物影响程度,大致划分为下列几种:常量元素(如氯、钠、镁等)、营养元素(氮、磷、硅及铁、锗、钼等)、微量元素(镍、铀、碘、钼、银等)、溶解气体(氧、氮、二氧化碳等)、氢离子和有机物质(悬浮性的有机物及水溶性的有机物等)。

上述诸种成分在正常海水中均有一定比例,成为一种动态平衡。若破坏这一平衡会对贝类产生直接或间接不利的影响。例如,污染的海水破坏正常海水的化学组成,能使贝类失去经济价值,甚至造成贝类大批死亡。

1. 酸碱性

海水一般呈弱碱性。由于海水中溶解多种盐类,使得海水成为具有较强缓冲能力的溶液,与淡水相比较,海水酸碱性较稳定,其 pH 为 7.5~8.6,外海通常为 7.9~8.2。

正常影响海水酸碱性变动的主要因素是:大气中二氧化碳在水中溶解的情况,天然水域中溶解的碳酸盐类的状态,生物的呼吸作用和光合作用的生命活动及有机物的分解等。海水中二氧化碳溶解多,水呈酸性。海藻类在进行光合作用时,海水中的二氧化碳大量被消耗,酸性碳酸盐类分解剩下的氢氧离子增加了海水的碱性($HCO_3^- \rightarrow OH^- + CO_2$),相反,贝类及海藻类的呼吸作用释放出大量二氧化碳,使海水的碱性下降。海水中大量有机物腐败分解消耗了水中的溶解氧,酸碱性下降。

在异常情况下,如受到工业污染的海水中酸碱性失去常态,贝类的正常代谢被破坏,生长受到严重的影响,杂色蛤仔在 pH 4 以下或者 9.5 以上的海水中,不到两周便全部死亡。在很酸性的海水(pH 1.2)中,牡蛎血液中的 pH 可降到 4.8,致使心脏停止跳动而死亡,在酸性环境中,还影响贝类贝壳的分泌与形成。因此,海水中酸碱性是否正常,也是检验海水是否被污染的化学指标之一。

2. 溶解氧

水中含有足够的溶解氧,可以促使有机物质的氧化分解,也可以给贝类带来有利的呼吸条件。各种贝类的耗氧量是不同的,为保证新陈代谢、繁殖、生长的正常运行,溶解氧必须得到满足。

海水中溶氧量的消耗主要是有机质的腐败分解及水生动物的呼吸氧化,情况严重则势必导致水中缺氧而使经济贝类及其他生物死亡。这种情况往往发生在水流不畅而污染有机物质过多的内湾海区,养殖场的老化也会产生这种情况。窒息死亡的现象在活动性大的贝类比活动性小的更为严重。一般贝类比鱼类对缺氧的耐受性强,特别是长牡蛎,在无氧情况下还能生存两周。贝类的耗氧量比一般游泳动物低得多,这就造成了贝类能高密度分布和养殖的有利条件。

3. 硫化氢(H₂S)

硫化氢大量存在的水域,可以成为所有贝类的不分布区。文蛤在含有硫化氢 2.27 g/ml 的工业污染海水中就会死亡。在夏季当底质的硫化物含量多时,加之水温上升,海水流动缓慢,在海区底部及附近的浮泥中细菌很快繁殖起来。由于腐败分解,产生了大量硫化氢。硫化氢和海底的含铁化合物结合成为硫化铁的胶质溶液而上浮。另外,溶解在海水中的硫化氢,则消耗水中的溶解氧而进行分解,形成胶体硫,结果使海底附近的海水呈无氧状态。直接或间接地影响贝类的生存与生长。

由于沿海工业的污染,海水中含有大量的有毒物质,如酸、铬、铜、锌、砷、铅、汞、镍、氰化物、硫化氢、游离氯、农药等,均对贝类生活产生不利影响,因此,养成海区,要尽力避开城市和工业区;另外,要对工业和生活污水进行妥善处理,变废为宝,变害为利。

4. 营养盐

营养盐是海水中浮游植物生长繁殖的必需物质。浮游植物又是多种贝类的饵料基础,因此,海中营养盐的多寡间接地影响贝类的生长与繁殖。此外,贝类也可以直接利用盐类,它通过外套膜、鳃直接吸收,如贝类需要多量的钙,光靠饵料供应钙的来源是不够的,它们便通过直接吸收途径获得。

生物生存除了需要二氧化碳和氧等气体外,还需要多种营养盐如氮、磷、钾、硅、硫、钙、锰、铁等构成生物体的蛋白质和细胞核。其中钾、硫、钙等元素在海水中的含量较丰富,足够生物生长之用;而另一些,以相对含量来说,是被生物摄取较多的元素,如氯、磷、硅、锰、铁等,其含量却较少。海水中的氮、磷少至一定程度时,光合作用即无法进行,浮游植物繁殖就要受到限制,贝类的生长也就受到影响。因此,氮、磷等元素成为制约植物生长的因子。它们的分布明显受到生物活动的影响,而与盐度值的大小几乎无关。为了区别那些与盐度之间具有不变比例关系的大量元素(保守元素),营养盐又称为非保守元素。

氮、磷、硅、锰、铁等营养元素中,植物对氮的需要量又大于其他营养元素。因此,某一海区的肥瘦可以用氮来衡量。肥区总氮含量大于 0.1 mg/L,若小于 0.1 mg/L 则为瘦区。

浅海滩涂养殖区营养盐的来源,主要是生物尸体分解、河流、降雨及人工施肥。海水中营养盐含量的季节变化非常明显,春季水温上升,浮游植物大量繁殖,营养盐被消耗,含量降低。冬季,由于浮游植物生长缓慢和海水的运动,营养盐含量最高。

5. 浑浊度

浑浊度是指海水中所含悬浮颗粒的多寡,常以"‰"或"g/L"来表示。海水中悬浮物质是多种多样的,有生物的,也有其他无机颗粒,如沙、黏泥及其他矿物质。影响浑浊度大小的因素主要有风、流、潮汐、降雨、径流、底质及浮游生物等。在河口、内湾、近岸的海水浑浊度较大。外海海水比较澄清;岩礁区海水浑浊度较小,沙滩次之,泥、泥沙底质浑浊度较大。浑浊度大小又常常以透明度作为指标,透明度大的海水澄清,反之透明度小的表示海水浑浊。

浑浊度对贝类生活的影响有下列几方面:

(1) 增加贝类的食物。适当的浑浊度能增加贝类的食物。

(2) 过分浑浊影响贝类的营养和能量积累。过分浑浊,则沉积物太多,大量沉积在贝类的鳃、外套膜等处,排除这些沉积物要消耗贝体较多的能量,所以会影响贝类的营养和能量积累,从而影响其生长。严重时会堵塞滤食和呼吸器官,使贝体变得迟钝,以至窒息而死。

(3) 大的浑浊度影响贝苗的附着,即使附着了也容易脱落。这是因为附着基质上沉积物多,贝苗无法附着,附着了的贝苗也由于沉积物的沉积覆盖,造成窒息或迁移脱落。所以采苗场及分苗移苗的海区要选择风浪比较平静,水质比较澄清的海区。

（4）不同的浑浊度对贝类卵子的受精和发育有一定影响。不同种类对浑浊度的抗性不同，一般说来，低盐河口性种类抗浊力高于外海高盐种类，潮间带种类高于潮下带浅海种类，底内埋栖和穴居种类高于底上生活种类。

当然，浑浊度不是一种单纯的因子，有浮游生物、无机物、有机物和毒物颗粒等，要逐一分析。

3.1.1.6 底质

1. 底质的分级

机械分析粒级分类法（只是根据机械成分，完全忽略了物质成分），我们采用等比制粒级中的标准，粒径级限为一几何数列，其中每一相邻粒级大小，均为其前者的一半，即比值 2（表 3-2）。

表 3-2 等比制（Φ 标准）粒级分类表

粒组类型	粒级名称		粒径范围		代号
	简分法	细分法	mm	μm	
岩块（R）	岩块（漂砾）	岩块	＞256		R
砾石（G）	粗砾	粗砾	256～128		CG
			128～64		
	中砾	中砾	64～32		MG
			32～16		
			16～8		
	细砾	细砾	8～4		FG
			4～2		
砂（S）	粗砂	极粗砂	2～1	2000～1000	VCS
		粗砂	1～0.5	1000～500	CS
	中砂	中砂	0.5～0.25	500～250	MS
	细砂	细砂	0.25～0.125	250～125	FS
		极细砂	0.125～0.063	125～63	VFS
粉砂（T）	粗粉砂	细粉砂	0.063～0.032	63～32	CT
		中粉砂	0.032～0.016	32～16	MT
	细粉砂	细粉砂	0.016～0.008	16～8	FT
		极细粉砂	0.008～0.004	8～4	VFT
黏土（Y）	黏土	粗黏土	0.004～0.002	4～2	CY
			0.002～0.001	2～1	
		细黏土	＜0.001	＜1	FY

2. 底质的分析

（1）筛析法：适用于粗颗粒的分析，其下限为 0.063 mm 左右。筛析法的基本原理是选用孔径规格不同的套筛，将样品从粗至细逐级分开。

（2）沉析法（吸管法）：用来测定 0.002～0.063 mm 的颗粒。它是根据斯托克斯定律的质点（颗粒）沉降速度，在悬液的一定深度处，按不同时间吸取悬液，由此来求出沉积物各粒级的百分含量。颗粒直径大，沉降速度快；若颗粒直径小，沉降慢。因此，某种粒级经一定时间后可到达某一深度，这样，在一定的时间内从一定深度吸出的颗粒大小都是相同的。

（3）淘洗法：称取一定量的沉积物，放在容器内用水淘洗，较细的泥随水流去，而剩下沙，称沙质量，总重－沙重＝泥重。这种方法优点是简便，缺点是不太准确，数值随技术高低而有不同，只能粗略地把泥沙分开。

3. 底质与贝类

浅海滩涂的底质与贝类分布有密切关系。不同底质形成了不同类型的贝类，而不同类型的贝类对底质的要求也不同，因此底质也是选择贝类养殖场的重要条件之一。例如，蛤仔和文蛤喜居泥沙滩涂，缢蛏和泥蚶生活于泥质滩涂，扇贝自然分布的优良场所其底质一般是砂、砾和混杂贝壳等颗粒沉积物，鲍和某些螺类则通常生活于岩礁底。

同种贝类的不同生活时期对底质要求也不同，如泥蚶、蛤仔等的幼虫在结束它们的浮游生活之后，便利用足丝附着在沙粒上，若遇到纯软泥底质就不易附着。目前有些海区之所以不产贝苗而只适于养成或者只产贝苗而不适于养成，其重要原因之一，可能是对底质要求未能得到满足造成的。

浅海滩涂底质是复杂的。在贝类养殖中，应根据不同贝类的不同生活习性选择不同底质的滩涂，或者根据需要对滩涂底质进行改良，创造对贝类生长、繁殖的有利条件。如在放养埋栖贝类之前，将滩面翻一下，可使滩涂松软，有利于贝类钻穴生活；缢蛏养殖中的平畦附苗、加沙附蛤仔苗等，都是改良滩涂底质的有效方法。

软泥底是造成浑浊度大的主要原因，它经常影响贝类的摄食及其幼虫的附着，但泥中含有较多的营养物质有助于贝类饵料的繁殖。黑色泥土含腐殖质过多，不完全氧化时会产生硫化物，其含量达 4%～10% 时对贝类有害。至于底质软硬和深浅也和贝类的分布、生长有关，人工设置附着器时必须加以考虑。

一方面,底质影响着贝类的生活;另一方面,贝类在一定程度上也可以改变其生活环境。例如,文蛤一般生活于泥少沙多的滩涂,若在泥多沙少的滩涂中进行密养,由于文蛤呼吸喷水,会把滩涂浮泥喷走,从而将滩涂底质改为泥少沙多的底质(顾成柏和李连郁,2007)。

底质与贝类的分布、生活有密切关系,也是养殖场地选择的重要条件之一。底内埋栖、底上自由匍匐,以及固着、附着生活的贝类与底质关系密切,即使浮游和游泳生活的贝类与底质也有很大关系。因为它们不可能完全离开底质,如乌贼、枪乌贼等不是长时间都在游泳,而总是在海底休息、产卵;章鱼类则只短时间游动,大部分时间栖息在海底,在海底筑巢和繁衍后代。此外,底质的溶出物对浮游生活的贝类也有直接或间接的影响。

底质根据其构成、颗粒大小、软硬程度等分为岩块、砾石、砂、粉砂、黏土五大类,若进一步细分,则类别更多。

底质与贝类生活的关系,综合起来有下列几方面:

(1) 影响贝类的分布:不同的贝类对底质有不同的要求,如固着性、附着性贝类多栖息在岩礁及礁缝中,在泥质滩涂上没有自然分布;泥蚶、缢蛏等,多栖息在软泥中,在岩礁和砾砂的底质上没有自然分布;文蛤、丽文蛤、西施舌等栖息在砂质底质,而在软泥中极少见到;菲律宾蛤仔、栉江珧等则多栖息在砂泥质内(表3-3)。

表3-3　几种主要经济贝类栖息底质的颗粒组成

取 样 底 质		沙砾含量/% (粒径0.2 mm以上)	细沙含量/% (粒径0.2~0.05 mm)	粉沙含量/% (粒径0.05~0.005 mm)	黏土含量 (粒径小于0.005 mm)
泥蚶	养成场	0.0~15.0	4.0~82.5	15.0~90.0	2.5~14.2
	采苗场	0.0~0.6	15.4~65.8	27.8~78.0	3.4~17.0
菲律宾蛤仔	养成场	0.0~40.6	17.2~90.6	4.8~71.6	2.0~12.5
	采苗场	6.4~50.4	27.1~85.4	1.0~28.0	2.2~5.1
缢蛏	养成场	0.0~2.0	17.2~46.0	49.6~78.0	3.0~6.1
	采苗场	0.0~21.0	13.8~85.5	12.0~80.0	2.6~15.5

(2) 影响海水浑浊度:岩礁、砂质底的海区,水质比较澄清,浑浊度小,泥、沙泥质底的海区,水质比较浑浊,尤其在涨退潮时,底层水质更为浑浊。在浑浊

的海区,扇贝、鲍等无法栖息,而缢蛏、泥蚶等耐浊力强,能正常生活。

（3）影响饵料生物：贝类是底栖动物,需要摄食底栖性饵料。由于底质不同,影响了底栖性饵料生物的生长繁殖,尤其是底栖硅藻的种类和数量,从而间接影响了贝类的生长。缢蛏、蛤仔、文蛤等主要以底栖硅藻为食,只有适合的底质,才有丰足的饵料,其生长才较好。

（4）底质内的毒物影响贝类底质内有毒物质。如硫化氢（H_2S）、氨（NH_4^+）、过多的腐殖质等对贝类的生活具有毒害作用。

（5）底质的稳定性影响贝类的栖息：贝类正常生活要求底质相对稳定,如果底质不稳,移动性大,则容易堵塞贝类的进出水管（孔）,使它们无法正常摄食、呼吸,严重的会使埋栖贝类造成窒息死亡,有的还会出现大面积迁移现象。生产上由于场地选择不好,底质不稳,造成贝类迁移,导致养殖失败的例子屡见不鲜。

（6）底质的软硬还与养殖设施有关：底质太硬,桩筏设置困难;养蛎的石块容易倒伏;底质太软,则石块等容易下陷,桩筏设置不牢,易受潮汐、海水等影响造成"拔脏"、漂失。经过一段时间的养殖后,由于贝类在底质内潜钻、埋栖,以及贝类的呼吸、排泄会导致底质的变化,石块、桩筏等会使水流减慢,导致水中的沙、泥的沉积,也会变更底质。因此,每隔一段时间,应当对底质加以改良,以保证贝类正常生活,从而夺得高产。

3.1.2　生物因子

贝类的生物环境错综复杂,生物种类也很多,有植物也有动物,有饵料生物也有敌害生物。

3.1.2.1　食物链

贝类的生物环境关系可以用食物链（或食物循环）这样一个假定概念来表示它们之间的种间关系。

食物循环第一个环节是藻类,它们吸收无机盐类、水分,在日光下合成有机物质,它们是自然界水体中的初级生产者。第二个环节是那些食藻类的藻食性动物,它们将吃掉的有机物进一步合成动物蛋白等,成为次级生产者,但在它们的生活活动中要消耗掉一部分能量,因此,又称为初级消耗者。那些吃食贝类及其他动物者,又可称为次级消耗者。在自然情况下,这些动物、植物死亡后的尸体、排泄物等,经细菌的作用又被还原成营养盐类,营养盐又被植物利用,如此形成无止境的循环。这种关系就称为食物链。人工贝类养殖,就是通过人工措施,利用种间矛盾和斗争,充分利用自然海区生产能力,提高养殖贝类的产量。

3.1.2.2　饵料生物

藻类是植物界的一大类,利用水中的二氧化碳、无机盐类(肥料)开展光合作用。藻类直接或间接可供动物食用,因此说藻类是贝类养殖区的初级生产者。在养殖贝类的浮游植物饵料中,硅藻类在数量上占绝对优势。已知的硅藻有 100 余种,隶属于 40 余属。

3.1.2.3　敌害生物

贝类的生物敌害很多,鱼类、螺类、蟹类、章鱼和海星等均是经济贝类的天敌,贝类的卵子、幼虫及稚贝为许多水生动物的饵料。

3.2　主要经济贝类的生活习性

贝类的生活类型主要分为三大类:底栖生活型、浮游生活型和游泳生活型。目前作为养殖对象的主要为底栖生活的埋栖型及底上生活的匍匐、固着和附着等几种,而多数贝类都有营浮游生活的浮游幼虫期。目前长江口北部养殖贝类主要为埋栖生活型。

3.2.1　底栖生活型

3.2.1.1　埋栖生活型

这一类型的贝类大部分是双壳类,埋栖在基质内部。如文蛤依靠足的伸缩运动钻穴潜居,埋栖于泥沙中,埋栖深度随季节、个体大小及底质而异,一般在 3~12 cm。个体大小在夏季的埋栖深度无明显差异,均在 3~5 cm,而在冬季较明显,2~3 cm 的文蛤潜居深度为 8 cm 左右,4~6 cm 的文蛤潜居深度为 12 cm 左右,潜居深度随着个体的增大而加深。

营埋栖生活的贝类,具有以下几个特性:

1. 足部发达

埋栖越深的种类,足部越发达,如大竹蛏,足部具有超强的挖掘作用。

2. 栖息深度影响贝壳质地

如长竹蛏,贝壳体形延长,边缘比较簿,像刀刃一样,而且贝壳的表面十分光滑,可以有效地减少阻力;埋栖比较浅的种类,如文蛤、日本镜蛤、鸟蛤等,贝壳质地比较坚固,可以防止天敌的侵害。

3. 栖息深度影响水管长度

一般来说,埋栖比较深的种类水管都比较长,而且具有很好的伸缩性。例如,青蛤的水管,为体长的 2~3 倍,前端向下,后端朝上,以足钻穴,埋栖于泥沙中;大沽全海笋,它的水管甚至是贝壳长度的 2 倍多;而埋栖比较浅的种类如菲律宾蛤仔、文蛤、泥蚶等,水管一般比较短。

4. 基质种类影响贝壳结构

生活在沙质基质的双壳贝类,由于沙滩的保水性很差,而且在阳光下温度会上升很快,因此它们的贝壳坚厚,可以完全闭合,能够有效地阻止体内水分的流失,并能保证体温不会上升得过于剧烈,最典型的例子是文蛤,其抗干露的能力可以达到 2 周,而且光滑的贝壳表面也有反射阳光的作用。而生活在泥质基质的种类,贝壳的两端通常具有开口,并且它们的鳃能够分泌黏液,可以将水中带入到体内的泥沙结成团而排出体外,最典型的例子是海笋、樱蛤等种类。因此它们的抗浊能力比生活在沙底的种类要强很多。

根据生活基质的不同,又可以分为三类:

(1) 软泥基质:如泥蚶、缢蛏等,这一类贝类的埋栖深度一般比较深,有些种类甚至可以达到 1 m。

(2) 泥沙或沙泥滩基质:如青蛤、菲律宾蛤仔、西施舌等。

(3) 沙质基质:如文蛤、中国蛤蜊等。

3.2.1.2　匍匐生活型

这种类型的贝类多在岩石、石块、泥或沙滩及海藻等基质表面作匍匐式的爬行活动,大部分是一些腹足类和多板类,如各种海螺和石鳖等。这些种类足部肌肉发达,具有很强的运动能力,而且感觉器官很发达,能够主动寻找食物和躲避敌害。生活在沙滩及泥沙等基质上的种类,足底部都具有发达的藏液腺,可以起到很好的润滑作用。一般来说,这类贝类的贝壳表面上具有与外界环境十分接近的花纹和装饰物,起到伪装的作用。

3.2.1.3　固着生活型

此种类型主要包括双壳类中的牡蛎科及腹足类中的陀螺科等种类,当贝壳固定后,就终生不能移动。牡蛎通过左壳的一部分固着在岩石或贝壳的表面

37

上,海菊蛤则通过右壳固着。这类动物一般具有比较坚固的贝壳,能够经受周围环境的剧烈变化,如长时间的干露、日晒;有的种类的贝壳上具有各种突起物,如牡蛎具有鳞片状的棘。

固着生活的贝类,足部失去了原有的作用,都比较退化,甚至完全消失。它们也没有水管,但在外套膜的边缘上通常具有发达的触手,可以阻挡外界大型异物流入体内。

3.2.1.4 附着生活型

贻贝、扇贝等双壳类,足部虽然退化,但是足丝腺却非常发达,能够通过足丝而附着在岩石或其他物体的表面。当环境条件恶化时,可以切断原先的足丝,通过贝壳的连续开闭而使身体发生移动。当遇到环境好的地方时,会重新分泌足丝而附着于新的物体表面。足丝的附着力是有一定限度的,超过这个限度,足丝就会断裂,同时使动物体受到伤害,如养殖笼中的扇贝,每当大风过后就会出现扇贝脱离养殖笼,彼此互相咬合的现象,从而造成损伤。

3.2.2 游泳生活型

头足类大多为游泳生活型,它们的身体一般为流线形,两侧的鳍具有类似舵的作用,并可以保持平衡,当它们在追逐食物或逃避敌害的时候,鳍部可以紧紧贴住身体,通过"漏斗"喷水的反冲作用使身体以很高的速度运动。

3.2.3 浮游生活型

贝类的担轮幼虫和面盘幼虫,它们依靠纤毛环或面盘的作用使身体在水中悬浮。腹足类贝类中有一些特殊的类群,主要包括异足类、被壳翼足类和裸体翼足类。鹦鹉螺可以通过控制气室中气体的多少来控制身体在不同的水层悬浮。船蛸的雌性在产卵期可以分泌假外壳,在这段时期也是浮游生活的。

3.2.4 凿穴生活型

主要有双壳类中的住石蛤、光石蛏、开腹蛤、海笋和铃蛤及腹足类中的延管螺等穿凿岩石、珊瑚或其他动物亮的种类。船蛆可以将木材凿成许许多多的洞穴,并将身体隐藏在里面。

3.3　贝类的食性

3.3.1　摄食方式

贝类的食性依种类而异,主要与其设施器官的构造有关。按摄食方式可分为滤食性、舐食性和捕食性三种。长江口北部滩涂贝类大多为滤食性。

3.3.1.1　滤食性

瓣鳃纲的种类大多是滤食性。瓣鳃纲种类多数不大活动,营埋栖、固着或附着生活,缺乏主动捕食的能力。滤食过程比较复杂,在外套膜及水管的配合下,借鳃和唇瓣上的纤毛过滤作用而被动地摄食水中的悬浮颗粒(有机碎屑和单胞藻等)。文蛤、青蛤、缢蛏等均属于此类。

滤食性贝类一般无齿舌、腭片和唾液腺等;口宽大,横列状;唇瓣和鳃的表面密生发达的纤毛,依纤毛的打动形成水流,同时过滤水中的食物,再经纤毛的运送作用,把食物送入口中。

滤食性贝类由于是被动性的滤食,所以食物种类会随不同海区、不同季节浮游生物的变化而变化,对食物种类的选择为机械性选择,即只对食物颗粒的性状、大小和密度选择比较严格,而对食物颗粒的营养组成一般无选择性。滤食的对象主要是水中的小型浮游生物,期中以硅藻、绿藻、金藻等单细胞藻类为主,同时兼食小型的浮游动物和有机碎屑等。

几乎所有贝类的浮游幼虫都是滤食性的,它们依靠打动面盘上的纤毛形成环状的水流,单细胞藻类随水流进入口沟和胃。

贝类的滤食公式为:

$$滤食量＝滤水率×海水中食料生物密度总和$$
$$＝滤食速率×滤食时间×海水中食料生物密度总和 \quad （3-1）$$

从式(3-1)可以看出影响贝类滤食量大小的主要因素为滤食速率、滤食时间和海水中食料生物密度总和。滤食速率因种类及其个体大小的不同而不同,另外水温、pH、盐度等也影响着滤食速率的快慢。唐保军(2005)研究发现,在10~25℃,文蛤的滤水率、耗氧率及排氨率都随温度升高而增加,相应的摄食总能量和呼吸、排泄能增加,方差分析显示温度的影响显著。滤水时间则因贝类的生活潮区不同而异,生活于浅海或土池中的贝类因一天中24 h均可滤食,所以生长速率要快于潮间带;海水中食料生物密度取决于海区中水质的肥瘦,也会因地区和季节的不同而变化。

3.3.1.2 舔食性

鲍、泥螺、石磺等匍匐生活的贝类,具有发达的吻、齿舌或颚片和唾液腺。舔食食物时,依靠齿舌带上的肌肉伸缩做前后活动来锉碎食物,只能刮取薄薄的一层。

3.3.1.3 捕食性

章鱼、乌贼等头足类的主要摄食方式。以捕食小杂鱼虾等为主。章鱼通常用腕试探洞穴,并可掘穴,用腕上的吸盘吸住双壳类的贝壳,打开摄取其软体部;有时还可分泌毒液,杀死或麻醉后再进行摄食。

3.3.2 食料种类

3.3.2.1 浮游生物

大多数双壳类为滤食性。通过对许多双壳贝类的胃内含物分析表明,滤食性贝类的主要食物是一些硅藻、原生动物、藻类的孢子、有孔虫、各种小型的卵子及有机碎屑等。

3.3.2.2 海藻

许多原始腹足目的种类都是草食性,如鲍科、马蹄螺科、蝾螺科的绝大部分种类,它们一般都采取舔食的方式,通过齿舌直接刮取藻类,主要食料一般为大型的海藻,如海带、裙带菜、紫菜、龙须菜等。这类动物的齿舌一般很发达,缘齿的数量很多。

3.3.2.3 动物

这一类群主要是以其他贝类、无脊椎动物甚至小型的脊椎动物为食。它们的运动能力非常发达,而且具有良好的感官,可以有效地追踪猎物。玉螺科的种类能够分泌酸液来腐蚀猎物的外壳,同时将齿舌从溶解出的洞伸进去,直接杀死猎物,并注入消化酶使食物分解;芋螺科动物则具有非常发达的毒液系统,它们的齿舌虽然很简单,数量少,但是形状就像箭头一样,一旦猎物被刺中是很难逃脱的,同时将毒液注入猎物体内并将之杀死或麻痹;芋螺还具有非常发达的吻,能够伸长并绕过障碍物来杀死猎物。一般肉食性贝类的齿舌小齿数目少,颚片退化甚至消失。

此外,有些贝类为兼食性,可同时利用动植物食料生长,有些双壳类可摄食矿物质、石灰质等作为身体的一部分,有些贝类身体可直接渗透吸收葡萄糖、石灰质等作为身体的一部分。除了天然生物饵料外,鲍等经济贝类的配合饵料也已研制成功并广泛用于生产。

3.4　贝类的生长

生长是贝类同化作用的结果,使自身体积和质量增加,是量的变化。动物体从外界吸取物质和能量,在保证维持正常生活的基础上,其余的物质和能量供生长和发育之用。

发育是动物体的组织结构、生理状态的变化,是质的变化。对质量而言,广义的贝类生长包括了生殖腺的发育。

3.4.1　生长的一般规律

3.4.1.1　贝类生长类型

贝类的生长可分为两种类型,即终生生长型和阶段生长型。

1. 终生生长型

终生生长型是指多年生贝类在若干年内连续不断生长,但一般 1～3 龄时生长速度较快,3 龄以后生长速度逐渐减慢。文蛤、青蛤、菲律宾蛤仔等都是终生生长型贝类。如青蛤从稚贝到 1 龄小贝,生长较快,以后随年龄增长,生长速度逐渐减慢。2 周年的青蛤壳长长到 3.0 cm 以上,达到商品规格(表 3-4)。

表 3-4　自然生长条件下的青蛤壳长与年龄的关系

年　　龄	壳　　长/cm
1	1.5～2.1
2	2.5～3.2
3	**3.5～3.8**
4	4.0～4.8
5	4.5～5.0
6	5.0～5.8
>6	>6

生长速度与季节、个体大小及生活环境有密切关系。文蛤的生长具有明显的季节性。春天水温回升至 11℃ 以上时开始生长;秋天水温降至 10℃ 以下时停止生长。在潮间带,文蛤生长较快的时间是 4~9 月,12 月至翌年 2 月基本停止。文蛤的生长速度随个体大小而有明显差异,江苏如东海区的观察表明,同为 3 月下旬放养在中潮区下部壳长 3 cm 和 6 cm 的标志文蛤,至当年 11 月初壳长分别为 4.5 cm 和 6.15 cm,质量分别从 7.15 g、58.2 g 增至 22.5 g 及 63.4 g。

2. 阶段生长型

阶段生长型是指一年生贝类在某一阶段内快速生长,其贝壳的生长基本上是在第一年内完成,以后贝壳几乎不再继续生长,褶牡蛎、海湾扇贝等都是阶段生长型贝类。如褶牡蛎在前 3 个月的生长初期中,壳长的生长极为迅速,可达 5 cm 左右。以后的 8~9 个月,平均月增长仅 0.1 cm 左右,满一年壳长约达 7 cm。但褶牡蛎软体部的增长。主要在后一阶段,因此每年冬季至翌年春季软体部最为肥满,而 6~9 月繁殖期前后比较消瘦。再如海湾扇贝贝壳的生长较快,4 月人工培育的贝苗,当年 11 月下旬平均壳高达 5.3 cm,平均体重 34.58 g,大者壳高超过 6 cm,就暖温性海区来说,一般海湾扇贝高温期生长较快,壳高月增长约 1 cm,10℃ 以下生长较慢,5℃ 以下停止生长,进入 11 月以后,虽然壳高生长较慢,但软体部仍能继续增长,贝壳在 1~3 月停止生长。

3.4.1.2 贝类生长的限度

贝类随着生长,个体达到某一限度后就不再继续生长,形成了各自不同的大小和体形,这一限度称为贝类的生长限度。贝类的生长限度是各种贝类自身遗传基因表达与调控的结果与环境条件无关。实际收集到的青蛤最大个体壳长为 6~7 cm。

3.4.1.3 贝类的寿命

贝类的寿命长短与种类有关,还受遗传因素、生理因素、环境因素等的影响。由于遗传或生理因素死亡的贝类,为正常死亡。如青蛤的最高寿命不超过 10 年。海湾扇贝的寿命为 1 周年,完成繁殖活动后,其大多数个体即死亡,只有极少数个体可继续存话。再如,许多贝类雄性个体一般比雌性个体寿命短;生活在寒冷地带的个体,较生活在热带的个体寿命长。

大多数瓣鳃类的寿命较长,如泥蚶、贻贝和砂海螂为 10 年左右,牡蛎的寿命可达 12 年。

3.4.2　测定贝类生长的方法

贝类的生长状况,可以通过贝壳和软体部进行衡量。对贝壳的生长,一般测量壳长、壳高和壳宽,利用这些数据计算增长率。由于贝壳和软体部的生长不一致,贝壳的生长往往不能完全反映某种贝类整体的生长状况,因此需要测定软体部的生长。对软体部的生长,可称量鲜贝体重;软体部全重、软体部局部(如扇贝的闭壳肌、鲍的足肌)质量等,这些数据既可以计算增重率,也可以计算肥满度、出肉率等。为减少测量误差,取样个体数量至少为 30～50 个。

3.4.2.1　生长率的计算

贝类在某段时间内增加的生长量,称为绝对生长,在单位时间内的增长,称为相对生长。如果以壳长 L 作为度量生长的指标,那么绝对生长速度可用 dL/dt 表示,而相对生长速度为 dL/Ldt,t 为时间。

实践中,人们常采用壳长(或体重)的阶段增长率和日平均增长率,衡量贝类的生长速度。

$$壳长的增长率 = \frac{L_2 - L_1}{L_1} \times 100\% \qquad (3-2)$$

$$壳长的日平均增长率 = \frac{L_2 - L_1}{N\dfrac{L_1 + L_2}{2}} \times 100\% \qquad (3-3)$$

式中,L_1 为某段时间开始时的壳长;L_2 为某段时间结束时的壳长;N 为生长日数。同理,也可用[式(3-2)和式(3-3)]方法计算体重的增重率。

3.4.2.2　出肉率和肥满度的计算

出肉率是指软体部湿重(或干重)占鲜贝湿重的百分比。有些贝类如扇贝,人们主要是利用其闭壳肌(扇贝柱),所以常用闭壳肌湿重(或干重)占鲜贝湿重的百分比衡量闭壳肌的肥瘦程度,称为出柱率。

$$鲜(干)出肉率 = \frac{软体部湿重(干重)}{鲜贝湿重} \times 100\% \qquad (3-4)$$

$$鲜(干)出柱率 = \frac{闭壳肌湿重(干重)}{鲜贝湿重} \times 100\% \qquad (3-5)$$

肥满度是表示贝类软体部的肥满程度,它既可以作为衡量贝类性腺成熟度的一种指标,也可以作为衡量贝类生长的指标。

3.4.3 影响生长的主要因素

3.4.3.1 贝类的自身因素

1. 繁殖

贝类在繁殖季节需要将体内积累的大量营养物质用于生殖腺的发育,因此,繁殖季节的贝类整体生长缓慢,直至繁殖期过后软体部和贝壳的生长才逐渐得到恢复。

由于贝类在繁殖过程中需要消耗大量的能量,有些贝类的生长甚至处于停滞阶段;由于能量主要提供给生殖腺,软体部中的糖原含量下降,致使某些贝类(如牡蛎)在繁殖季节的食用味道欠佳;还有的贝类因繁殖导致体质衰弱而出现死亡现象。人工诱导生产三倍体贝类,对抑制贝类的生殖腺发育、避免因繁殖造成的生长缓慢等,具有明显的效果。

2. 年龄

贝类的生长与年龄有密切的关系,大多数的多年生贝类在1~3龄,贝壳的生长迅速。如文蛤,幼苗生长较快,1周年壳长可达 1.5~2.0 cm,2周年能长至 3~4 cm,之后生长速度逐渐减慢(王如才和王昭萍,2008)。

一年生的贝类如褶牡蛎,在良好的环境条件下,生长初期贝壳生长速度极快,3个半月,壳长可增长 50 mm,壳高增加,达 40 mm。进入生长后期,贝壳的生长速度大大减慢,而体重逐渐增加。从 3.5 月龄以后至翌年 8 月初期间,壳长总共增长 7.1 mm,壳高增加 2.1 mm,与生长初期相比,月平均生长速度约降低了 18 倍。褶牡蛎从附着开始经过 1 年之后进入成年期,此时贝壳的生长期已经结束,虽然外界环境条件依然很好,但贝壳已不再继续生长。

3.4.3.2 外部环境因素

1. 温度

温度对贝类生长的影响是极为明显的。在适温范围内,温度越高,新陈代谢越强,生长越快。如文蛤,一年中春末、夏季和秋季生长较快,7~9 月生长最快,冬季几乎不生长。以长江口北部为例,壳长 2.66 cm 的文蛤在气候较冷的冬季,5 个月生长了 0.27～0.57 cm。

2. 食物

双壳贝类靠滤食海水中的浮游生物及有机碎屑作为自身生长的营养基础。因此,海水中饵料生物的丰欠,直接影响贝类的生长。

3. 盐度

不同的盐度对贝类生长的影响是不同的。生长在半咸水中的广盐性贝类,如近江牡蛎、缢蛏、泥蚶等,如果移养到盐度较高的外海水域中,则生长受到影响,软体部消瘦。贻贝能在盐度为 18～32 的海水中生长,最适宜盐度为 30,在高盐度海区的贻贝生长较好,盐度低于 18 时足丝分泌不正常,低于 13 时开始死亡。盐度的突然急剧变化,如夏季持续大量降雨,河口附近海域的盐度大幅度降低,会引起贝类的大量死亡。

4. 水质

各种水生贝类对水质的适应能力不同。有些贝类能在较为恶劣的水质环境中生活,如贻贝、褶牡蛎等在污染水域中仍然能够存活和生长,这是由于它们对有机质的耐受能力和富集能力较强。人们利用这一特点,把贻贝等作为监测海域水质污染的指标生物。

埋栖型贝类,对浑浊水质的适应能力较强,而平时生活在水质清新海域的附着型或匍匐型贝类,往往难以适应浑浊的水质。如扇贝、鲍等,在海水中含有 0.3％以上的浮泥时,就会出现死亡。这是因为细微的浮泥颗粒,随着呼吸水流进入贝类的外套腔并藏附在鳃的表面,如果沉积过多,会妨碍贝类呼吸而引起窒息死亡。海城风浪较大时,底泥泛起,水质浑浊和变差,往往会导致贝类大量死亡,也是这一缘故。

5. 底质

底质主要影响埋栖型贝类的生长。这是由于各种埋栖型贝类都有适应其生活和生长的底质,如果改变底质,轻者影响生长,重者造成死亡。如将文蛤播养在泥滩中,则难以存活;将泥蚶播养在沙滩中,泥蚶也会死亡。此外,长期养殖的滩涂或池塘,由于贝类自身代谢产物等形成的生物沉积和环境中有机质的沉积,使底质中的部分有机物在缺氧状态下分解产生硫化氢,会影响底质中贝类的生长和存活。因此,应适时对滩涂或池塘底质进行整滩或翻耕,使底质中的有机质充分氧化,防止底质老化。

6. 养殖方式

在人工养殖条件下,养殖方式是影响贝类生长的重要因子,它波及饵料、水流、风浪、潮汐、养殖容量、养殖密度、养成周期等诸多方面。潮间带滩涂养殖的贝类,由于在退潮时不能连续滤食,生长速度较慢。一般来说,养殖密度高,总产量较高,但个体生长缓慢,平均体重较小;反之,养殖密度低,总产量较低,但个体生长较快,平均体重较大。

滩涂人工养殖的缢蛏,1龄贝的壳长达4~5 cm,最大可达6 cm,2龄贝的壳长6~7 cm,体重约10 g。缢蛏在一年中,春季开始生长,夏秋季生长最快,5~7月为贝壳快速生长期,7~9月为软体部快速生长期;冬季基本不生长。缢蛏满1龄后,壳长生长速度明显下降,软体部仍持续生长(常亚青,2007)。

3.5　贝类的繁殖习性

3.5.1　繁殖方式

贝类的繁殖方式主要是卵生,少数贝类属于卵胎生,个别贝类有类似卵胎生的现象(幼生)。长江口北部滩涂贝类大多为卵生。

3.5.1.1　卵生

指动物的受精卵在母体外独立发育,胚胎发育过程中完全依靠卵细胞自身所含的卵黄进行营养。进化程度低的贝类,无交配行为,直接将生殖细胞排出体外;进化程度较高的贝类,经过交配行为后产卵。

1. 直接产卵

多板类、掘足类、绝大多数双壳类及缺乏交接器的原始腹足类繁殖时,雌、雄个体分别将成熟的卵和精子从生殖孔排出体外;卵与精子在海水中受精,经过一段时间的浮游生活之后,便发育变态为稚贝,稚贝进一步生长为成贝。这种繁殖方式的特点是,多数贝类为雌雄异体(个别为雌雄同体),亲体无交配行为,亲体助产卵量多,体外受精,受精卵在水中发育,整个幼虫生活阶段都是在海水中度过的。

文蛤、缢蛏、蛤仔、扇贝、贻贝、珠母贝、大多数种类的牡蛎(太平洋牡蛎、褶牡蛎、近江牡蛎、大连湾牡蛎等)、蚶及鲍等,都是这种繁殖方式。

直接产卵的贝类,精子排入水中时呈白色烟雾状缓慢散开,卵子往往借助贝壳的闭合力从体内喷出,并很快分散成粒状。

2. 交配后产卵

交配后产卵是头足类和大部分腹足类的繁殖方式,它们中既有雌雄异体,也有雌雄同体,亲体经交配行为使配子在体内受精,受精卵体外发育。但雌雄同体的个体一般为异体受精。

雌雄异体的腹足类,交配时雄体将交接突起伸入雌体的交接囊中,精子与经过输卵管的卵子相遇而受精。精、卵的受精部位大多在外套腔内或体内其他特定部位。

雌雄同体的腹足类,大多数种类不能自体受精,至少有两个个体进行交配。例如,后鳃亚纲的泥螺,繁殖时,一般两个个体互相交配。有时雌雄同体的卵子和精子不同时成熟,一般精子成熟较早。肺螺亚纲柄眼目的陆生种类褐云玛瑙螺,其生殖器官由两性腺、输精管、输卵管、阴道及阴茎等组成,只有 1 个生殖孔为雌雄共同孔。当两个褐云玛瑙螺进行交配时,一种情形是互相受精,每个个体同时担负雌性和雄性的双重角色,另一种情形是一方雌性腺不成熟,只充当雄体,另一方充当雌体。

交配后产卵的贝类,排出的卵子往往聚集成块状、带状或簇状,称为卵群或卵袋,卵群上的黏胶物质是产卵过程中经生殖管时附加的膜,为三级卵膜,对卵子有保护作用。

3.5.1.2　卵胎生

卵胎生是指动物的受精卵虽然在母体内发育,但其营养仍然依靠卵细胞自身所含的卵黄,与母体没有或只有很少营养联系,直至发育成幼体才离开母体的生殖方式。

贝类的卵胎生现象,见于多板类和腹足类。

3.5.1.3　幼生

幼生是双壳类牡蛎科种类及蚌科种类的一种繁殖方式,似卵胎生。

雌雄同体的密鳞牡蛎、食用牡蛎等繁殖时,精卵在鳃腔中受精。受精卵在亲体的鳃腔发育成面盘幼虫,然后离开亲体,幼虫在海水中经过一段浮游生活,再固着变态为稚贝。雌雄同体的个体,一般为异体受精,但密鳞牡蛎能自体受精。

3.5.2　繁殖季节

3.5.2.1　性成熟年龄与生物学最小型

贝类的性成熟年龄是指性腺初次发育成熟时的年龄。生物学最小型是指第一次性腺成熟时的最小个体大小。例如,缢蛏的性成熟年龄为 1 龄,其生物学最小型为 2.5 cm。许多贝类出生 1 年即达性成熟,如双壳类的贻贝、褶牡蛎、蛤仔、中国蛤蜊、马氏珠母贝等;腹足类的大瓶螺、泥螺等。

性成熟年龄也能随着环境的变化而变化,如泥蚶在南方 1 龄即达到性成熟,而在北方则要到 2 龄;皱纹盘鲍在自然海区 3 龄达到性成熟,而在人工养殖条件下 2 龄即可达到性成熟。

3.5.2.2　繁殖季节

由于绝大多数达到性成熟年龄的贝类并不是在整年都表现出性腺成熟状态,其排精产卵呈阶段性季节性变化,其排精产卵的季节就称为繁殖季节,也称繁殖期。贝类在繁殖季节中产卵量达到最高峰时,就是该种贝类的繁殖盛期。

贝类的繁殖季节,随着种类和栖息环境的不同而不同,即使同一种类,在不同海域其繁殖季节也有差异。一般来讲,贝类的繁殖季节与种类、区域、温度等因素有关。

3.5.2.3　影响贝类繁殖的因素

(1) 温度:温度是决定贝类性腺发育的重要外界因素,对于水生贝类来说,水温升高,可使其性腺提早发育成熟;若水温过低,则其繁殖期就会被推迟。人们正是根据这一原理,采用室内控制海水温度的方法,可以使贝类较之其自然繁殖期提早 2～3 个月产卵(表 3-5)。

表 3-5　主要经济贝类的繁殖季节和产卵温度

贝类种名	产卵温度/℃	繁殖季节
泥蚶	25～28	6 月下旬至 8 月
紫贻贝	8～16	4～10 月
虾夷扇贝	5～9	3 月下旬

(2) 盐度:在自然海区,盐度的变化对牡蛎等双壳类的产卵也有很大的影响,特别在河口附近更为明显。在连续降雨使海水盐度显著下降的情况下,往往引起牡蛎大量排精产卵。

(3) 潮汐:潮汐对滩涂埋栖型贝类的产卵也有很大影响,如泥蚶、缢蛏、菲律宾蛤仔等常常在大潮期产卵,这主要是因为潮差较大,水温的变化幅度也较大,加上潮流的强烈震荡,促使了贝类排放精卵。

（4）饵料：饵料是贝类积累营养物质的来源,也是贝类性腺发育的物质基础。因此,环境中饵料的质量和数量,直接影响贝类的繁殖。在自然海区,饵料的丰欠又受季节、海流、食物链等因素制约。

在人工饲养条件下,饵料的营养搭配、饲养密度、水质管理等,也直接或间接地影响贝类的繁殖。

3.5.3　繁殖习性

贝类一般为雌雄异体,但在双壳类和腹足类中,也有雌雄同体的种类。

3.5.3.1　雌雄异体

多数雌雄异体的双壳类和原始腹足类,从外部形态上无法区分雌雄,但在生殖腺发育成熟时,可以从以下两个方面来区别：一是根据生殖腺的颜色,雄性个体的生殖腺颜色一般较深,如泥蚶(橘黄色),而雌性生殖腺颜色较浅,多数呈乳白色。二是根据生殖细胞,生殖腺成熟较好的雄性,如果掰开贝壳,在软体部破裂时,精子能自行溢出；雌性生殖腺即使充分成熟,卵细胞在软体部破裂后仍能牢固地附在生殖腺上,不会外溢。

还有一些雌雄异体的双壳类,即使在性腺成熟时,雌性与雄性生殖腺的颜色区别也不明显,都是浅黄色或乳白色,如牡蛎、文蛤、蛤仔、缢蛏等。但雌性生殖腺外观略粗糙,雄性生殖腺外观较光滑。根据生殖细胞的形态,用显微镜观察可以准确区别这些贝类的雌雄。

自然界雌雄异体的贝类,其雌性与雄性的比例大致为1∶1(表3-6)。但在有些种类中,随着年龄的增加,有雌性个体比雄性多的趋向,这可能是由于雄性寿命短所造成的。

表 3-6　青蛤繁殖期性比

样本数量/只	♀/只	♂/只	♀∶♂
878	436	442	49.7∶50.3
1012	508	504	50.2∶49.8
679	334	345	49.2∶50.8
834	423	411	50.7∶49.3

3.5.3.2 雌雄同体

许多贝类天然就是雌雄同体。如双壳类的海湾扇贝、球蚬、豌豆蚬、鸟蛤、砗磲、船蛆、孔螂和蛏蛤等。腹足类的后鳃亚纲和肺螺亚纲的贝类都是雌雄同体,前鳃亚纲有许多属、种也是雌雄同体。

还有一些天然是雌雄异体的贝类中,出现雌雄同体的现象。如贻贝、栉孔扇贝、光滑河蓝蛤等,其原因往往与性转换有关。

3.5.3.3 性转换

某些雌雄异体的贝类性别不稳定,能从一种性别转变成另一种性别,既可以由雌性变为雄性,也可以由雄性变为雌性;这种现象称为性转换。某些雌雄异体的贝类存在着个别雌雄同体的现象,天然雌雄同体的贝类也可以出现雄雄异体,被认为是性转换的过渡类型。性转换是某些贝类存在的一种生理现象。

贝类的性转换现象有多方面的原因,有雄性先熟的因素,第一次性成熟的个体常为雄性;有营养条件的影响,在饵料充足的情况下,往往雌性所占的比例较高,反之则雄性较多,糖原或碳水化合物代谢旺盛时,雄性占优势;与水温等环境条件有关,水温高,雌性占优势,水温低,雄性占优势。此外,有些贝类外套腔中有豆蟹寄居的,往往雄性居多。

3.5.3.4 产卵习性

贝类因繁殖方式、栖息环境和生活类型等不同,其产卵习性和繁殖力也有很大差别。一般体外受精、体外发育的双壳类,由于缺少母体的保护,存活率低,往往产卵量很大,少则几十万粒,多则数百万粒甚至上千万粒,这也是它们为繁衍后代的一种生存适应。泥螺等交配后产卵的种类,由于体内受精的空间限制,还有卵群的保护作用,产卵量就较小。卵胎生的种类,由于母体不能容纳很多胚胎,所以一个母体只能怀胎几个至数十个。

1. 双壳类的产卵

滩涂埋栖型贝类大多在大潮期间排放,如自然海区的泥蚶产卵排精多在大潮期间,并且又多在黎明潮水上涨时开始排放。

蛤仔的繁殖活动多发生在大潮汛的夜间或凌晨、滩面潮水即将退干时,尤其是当冷空气来临时,产卵排精更为集中。

2. 腹足类的产卵

泥螺交配后约 4 d 产卵,整个繁殖季节交配过的泥螺可产卵 3～4 次,每次产卵群 1 个,卵群为圆球形,分为内、中、外三层,大个体泥螺产的卵群较大,卵群的体积从 1.6～4.1 cm³ 不等,内含卵子 $2×10^3$～$1×10^4$ 粒。泥螺产完最后一次卵,一般亲体就死亡。褐云玛瑙螺交配后经 10～16 d 开始产卵,每次产卵150～250 粒。

3.5.4　繁殖的调查方法

3.5.4.1　肉眼观察性腺发育状况

可根据性腺饱满程度或性腺覆盖内脏囊的面积,确定贝类的繁殖期。例如,青蛤性腺发育共分五期,3～4 月性腺隐约可见,雌雄难辨;5～6 月性腺逐渐增大,可辨雌雄。7～9 月性腺遮盖内脏团 3/4,并延伸至足的基部;10～11 月内脏团大部分裸露,性腺颜色变淡;12 月至翌年 2 月性腺消失,雌雄不明。这种方法简便直观,便于在生产中应用,但观察者的主观性较强。

3.5.4.2　显微镜检查精卵成熟度

用滴管吸取生殖腺组织,在显微镜下观察可见:繁殖期的精子极为活跃或活动能力强,呈波浪式运动;成熟的卵子在水滴中很快散开呈圆球形或椭圆形,多数贝类卵子的胚泡已经消失。

3.5.4.3　指数法

可分为生殖腺指数和肥满度两种方法。

$$生殖腺指数 = 生殖腺湿重/软体部湿重×100\% \tag{3-6}$$

若生殖腺指数从最大值突然下降(即拐点),就说明亲贝排精产卵了。

肥满度是表示贝类软体部肥瘦程度的一个指标,也称为条件指数或状态指数。对贻贝科、牡蛎科、帘蛤科、蛤蜊科、竹蛏科等双壳类来说。由于其生殖腺分布在内脏囊表面,无法单独分离下来进行测定,因此,人们又把肥满度作为衡量这些贝类性腺成熟程度的一种指标。

无论采用生殖腺指数还是肥满度,接近繁殖期时应每隔 2～3 d 取样测定一次,当测定值达到峰值说明亲贝即将排放;如果是从峰值突然降低时,说明亲贝已经排放了。

3.5.4.4 根据海区浮游幼虫推算

这种方法主要用于贝类的半人工采苗,在海区拖网取样并正确鉴别贝类浮游幼虫种类的基础上,根据幼虫的个体大小和生长速度,推算亲贝已经产卵的大体日期。

3.5.4.5 组织切片法

这种方法根据性腺发育过程中的组织学特点,不仅可以确定贝类的繁殖季,且是研究贝类性腺发育规律的一种常用方法。对文蛤性腺切片观察表明:3～4月(水温6～14℃)为增殖期,滤泡腔出现,腔内有大量结缔组织,雌性的滤泡腔壁上有一些无卵黄的卵母细胞,雄性滤泡腔壁上分布着少量精母细胞;5～6月(水温15～23℃)为生长期;滤泡发达,精卵细胞数量增多,结缔组织相应减少,有些卵细胞脱离滤泡壁,雄性生殖细胞沿滤泡壁排成数层,开始出现精子;7～9月(水温25℃～29℃～24℃)为成熟排放期;滤泡间隙很少,附在泡壁上的卵柄断裂,卵细胞游离在滤泡腔中,相互挤压,呈不规则圆形,雄性滤泡腔被精细胞和精子充满,精子聚合形成辐射条状;10～11月(水温16～15℃)为衰退期:部分滤泡腔出现中空,残留少数精卵,滤泡腔呈不规则状,结缔组织由少转多;12月至翌年2月(水温10～4℃),雌性滤泡腔内生殖细胞排尽,只剩下很少的空腔,结缔组织填充到各个空隙。

3.6 贝类的生活史

大多数贝类的生活史,由于发育时期不同,在形态、生理机能及生态习性等方面都有明显的不同,因此可以清楚地将其划分为几个发育阶段。掌握这一规律,对进行贝类苗种生产,特别是进行半人工采苗及人工育苗生产是十分必要的。以瓣鳃纲(青蛤、文蛤为代表)为例进行介绍。

3.6.1 胚胎期

胚胎期是指从受精卵开始经过分裂到胚胎发育至浮游幼虫,即孵化后的担轮幼虫为止的阶段(图3-1)。此期以卵黄物质作为营养影响这一时期发育的主要外界环境条件是水温。但是受精卵孵化后还未形成担轮幼虫,需经一段发育才可形成担轮幼虫。

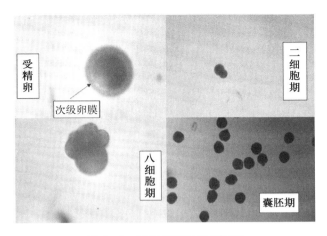

图 3-1　胚胎发育过程(青蛤)

3.6.2　幼虫期

该期从担轮幼虫开始到稚贝附着为止,它包括担轮幼虫、面盘幼虫和匍匐幼虫 3 个阶段(图 3-2)。各期幼虫形态差别是很大的。

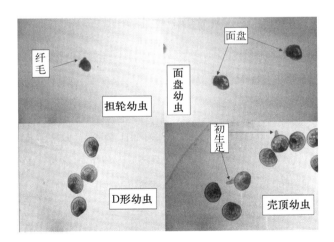

图 3-2　幼虫发育过程(青蛤)

3.6.2.1　担轮幼虫

体外生有纤毛轮,顶端有的生有 1～2 根或数根较长的鞭毛束,因此幼虫开始以纤毛摆动在水中做旋转运动。它经常游于水表层。此期消化系统还未形成,仍以卵黄物质作为营养。影响此期发育的主要外界环境条件除了水温外还有光线,光线可使幼虫大量密集。

3.6.2.2 面盘幼虫

具有面盘,面盘是其运动器官。根据发育时间及其形态的不同,又可分为:

第一,D形幼虫。又称面盘幼虫初期或直线铰合幼虫。此期由壳腺分泌的贝壳包裹了全身,形成两片侧面观像英文字母"D"的壳。面盘是它的主要运动器官。消化道已形成,口位于面盘后方,食道紧贴于口的后方,成一狭管,内壁遍布纤毛,胃包埋在消化盲囊中。卵黄耗尽,因此能够而且也需要从外界索取饵料维持营养。影响该期发育的主要外界环境条件有水温与饵料。

第二,壳顶幼虫。D形幼虫经过一段时间的发育,形成壳顶幼虫初期(又称隆起壳顶期幼虫),铰合线开始向背部隆起,改变了原来的直线状态。壳顶幼虫后期,壳顶突出明显,足开始长出,呈棒状,尚欠伸缩活动能力。鳃开始出现,但尚未有纤毛摆动,面盘仍很发达。足丝腺、足神经节和眼点逐渐形成,但此时足丝腺尚不具有分泌足丝的机能。

3.6.2.3 匍匐幼虫

该期幼虫较前一期大,一对黑褐色"眼点"显而易见,鳃增加至数对,足发达,能伸缩作匍匐运动。初期面盘仍然存在,幼虫可借面盘而游动,时而浮游,时而匍匐,若发现有该期幼虫,正是投放采苗器进行半人工采苗的好时机。本期面盘逐渐退化,至后期则只能匍匐生活,足丝腺开始具有分泌足丝的机能。

3.6.3 稚贝期

幼虫经过一段时间的浮游和匍匐生活后,便附着变态为稚贝(表3-7)。此时,外套膜分泌钙质的贝壳,并分泌足丝营附着生活。幼虫变态为稚贝时,它的外部形态、内部构造、生理机能和生态习性等方面,都要发生相当大的变化(图3-3)。变态标志之一是形成含有钙质的贝壳,壳形改变。变态标志之二是面盘萎缩退化,开始用鳃呼吸与取食。变态标志之三是生态习性的改变,变态前,营浮游、匍匐生活,变态后,以足丝腺分泌足丝营附着生活。该期是幼虫向成体生活过渡的阶段。

稚贝期是半人工采苗和人工育苗成败的关键时期。固着型、附着型、埋栖型双壳贝类在结束浮游生活进入底栖生活时,都具有附着的特性。对埋栖型贝类来说,稚贝期水管、鳃等器官尚未完全形成,故不能直接进入埋栖生活,必须经过一个用足丝附着的时期。稚贝虽具附着习性,但种类不同,附着习性与要求不一,必须充分满足其附着条件,才能进行附着生活。因此,底质的形态组成

表 3 - 7　文蛤胚胎及幼虫发育

发 育 阶 段	受精后出现的时间	壳长×壳高/μm	温　　度/℃
第一极体	30 min		27.5
第二极体	40 min		29.6
2 细胞期	45 min		29.8
4 细胞期	1 h		
8 细胞期	1 h 30 min		
16 细胞期	2 h		
桑葚期	4 h		30
囊胚期	4 h 30 min		
原肠期	5 h		
担轮幼虫	6 h		
D 形幼虫	12 h	126×108	
壳顶幼虫	2 d	144×117，62×135	
壳顶中期	3～4 d	171×153，189×162	
壳顶后期	5 d	198×162，207×171	
变态成熟期	6 d	216×198	
稚贝	9 d	234×216	

＊据厦门水产学报等报告

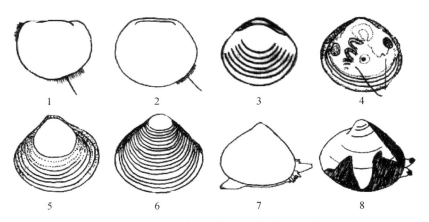

图 3 - 3　文蛤幼虫及稚贝形态(仿吉田裕)

1. 初期壳顶幼虫 0.12 mm×0.09 mm；2. 壳顶幼虫 0.17 mm×0.15 mm；3. 后期壳顶幼虫 0.20 mm×0.18 mm；4. 稚贝 0.22 mm×0.20 mm；5. 稚贝 0.35 mm×0.34 mm；6. 稚贝 0.50 mm×0.48 mm；7. 稚贝 1.3 mm×1.2 mm；8. 幼贝 50 mm×43 mm

如何就成为埋栖型贝类附苗的重要因素之一。为了有利于足丝附着,底质必须有一定量的砂粒或其他颗粒。浮泥底质无法附着。固着型与附着型贝类对附着基均有不同的选择,必须达到其要求,才能采到大量贝苗。

3.6.4　幼贝期

此期在形态上除了性腺尚未成熟外,其他形态、器官和生活方式均已和成体一样。附着型贝类进一步发展了用足丝附着的生活方式。固着型贝类,如牡蛎已用贝壳固着,营终生固着生活。埋栖型贝类此期已进入埋栖生活,所以要求在较细软的泥底、砂泥底或泥沙底中生活,又因个体小而弱,对外界环境抵抗力差,所以在养殖中必须精心培育,这就是养殖生产的苗种培育工作和养成期工作的开始。

3.6.5　成贝期

自贝类第一次性成熟后均属此期。就底栖型贝类而言,因它埋栖在滩涂泥沙中,所以对底质环境要求比较高,一般为松软的泥沙为宜。该期也是贝类养殖的养成与肥育期。

参考文献

常亚青 . 2007. 贝类增养殖学 . 北京:中国农业出版社 .

张锡佳,杨建敏,王广成,等 . 2007. 文蛤规模化养殖技术开发 . 齐鲁渔业,24(5):1-5.

姚国兴,宋晓村,于志华,等 . 2000. 环境因子对文蛤幼苗生长的影响 . 水产养殖,(1):17-18.

范可章 . 2006. 江苏海域文蛤性腺发育特征及其增养殖海域硫化物与 COD 关系的研究 . 南京:南京师范大学硕士学位论文 .

曹伏君,刘志刚,罗正杰 . 2010. 文蛤稚贝盐度适应性的研究 . 海洋通报,9(4):156-160.

顾成柏,李连邺 . 2007. 海水贝类增养殖学 . 北京:中国海洋大学出版社 .

唐保军 . 2005. 环境因子和饵料对文蛤能量收支与幼虫生长发育的影响 . 北京:中国科学院海洋研究所硕士学位论文 .

王如才,王昭萍 . 2008. 海水贝类养殖学 . 北京:中国海洋大学出版社 .

第**4**章 贝类增养殖

4.1 贝类育苗场的建设

4.1.1 场址的选择

建设贝类育苗场,海域环境和地理位置的选择十分重要,场址的选择应从贝类的生物学、生态学,以及地理位置、水质条件、社会环境等多方面进行综合考虑,既要考虑工程技术的可行性,又要兼顾当前与未来的经济效益和社会效益。另一个重要因素是场址的土地使用权问题,育苗场的法人必须取得在该土地上建造育苗场的土地使用权。

4.1.1.1 建场申请与环境评估

建设育苗场并选择确定育苗的场址,最根本的一条是首先要取得相关许可。申请过程中有许多工程和环境方面的手续需要审批,在规划工程进度时在时间上要留有充分的余地。申请前必须做好可行性论证和环境评估。

4.1.1.2 水环境

选择育苗场场址,首要工作是考察周围海域的水环境,海水水质必须长年都符合育苗用水的要求。选址前必须努力搜集尽可能齐全的水文资料,不仅要有表层水的水文资料,还应该有各个水层的全部资料;既要有近期的资料,还要有连续数年的资料,以便于从中分析该海域水环境的年间变化规律及主要理化因子的极端值,看其是否符合贝类育苗的要求。对于那些已进行过海洋学调查的海域,借鉴数据时应考虑其时效性,必要时最好能进行复检;如果未进行过调查,则应在附近海域进行多个位点至少一个年度的连续取样分析调查。

每种贝类的幼虫、稚贝和成体对水环境的主要理化因子,如水温、盐度、溶解氧、有机物含量等,都有比较严格的要求,育苗场必须保证水质条件完全符合其要求。热带的贝类不适应低水温,培育该种贝类的育苗场自然水温不可过低,以免对幼苗产生不良的影响,或者为加温育苗用水而付出过多的能源。温带地区的育苗场自然水温不可过高或过低,否则会增加培育的难度或导致幼苗的死亡。大陆径流不仅能导致海水盐度下降,携入的泥沙和其他有害物质还可能使水质恶化,导致育苗失败。水质不理想,特别是在有污染源存在的情况下,改良水质付出的代价一般都很高,会对育苗场的效益产生较大影响。因此,场址还应选择在远离河口、有污水排出的工厂、码头、农田水利工程及居民生活区的海边。目前,许多工业排出废物对生物的致死量和亚致死量尚未完全探明,其中的潜在有毒物质所产生的叠加效应是否能产生更大的危害并非十分清楚;农业排水中的部分长效杀虫剂,可对自然海区及人工培育的贝类幼虫产生毒害效应;生活污水中不但含有对贝类幼虫有毒害的污染物,而且有机物含量高,可致微生物大量繁殖,造成海水溶解氧含量下降,导致幼虫生长缓慢,死亡率上升;有些化学污染物对贝类幼虫期的危害是大得惊人的,例如,船舶防污漆中的磷酸三丁酯(TBT),在海水中的含量即使只有十亿分之几,也可对贝类幼虫造成非常高的致死率。贝类在胚胎期对污染物的反应最敏感,有条件的育苗场,先用双壳贝类的胚胎对场址附近的海水水质做生物学检测。鉴于有些污染物有可能是短时间或季节性间断出现,所以生物测定应该连续进行一年,最好每周取样一次,以防错过时机。

4.1.1.3 其他环境条件

1. 生产环境与人力资源

必须考虑该地的电力供应、淡水资源、交通与通讯条件、生产物资的补给能力、与苗种购买方的距离、人力资源(如是否容易招收从事过育苗工作的经验丰富的熟练工人与技术人员等)等。最好与大学、科研机构及实验室、图书馆等建立经常性的联系,依托科技力量共同解决生产中出现的问题。

2. 位置

育苗场的位置应尽量靠近海边,取水口与育苗场的水平距离与垂直高差都应尽可能的小,否则不仅会增加取水的能耗,影响供水量,还会增加供水管道的长度和维护工作量。

3. 土地面积

场址应平坦开阔,有足够有效使用的面积。在规划育苗场及其他辅助设施用地的同时,还应该考虑生产过程中的技术改造、新设施的增添和未来的发展,要为企业的未来发展留出足够的空间。

4．土地利用规划

查询场址周边地块规划用途，考虑"城市化"进程是否会影响场址，其发展趋势及其可能产生的环境与水污染作用也应成为建设育苗场必须预先考虑的问题。如果育苗场建成后很快地被城市包围，那么想要避开或减少污染则必须付出沉重的代价。

4.1.2　育苗场的基本设施

4.1.2.1　规划设计原则

育苗场的规划设计主要应遵循以下原则。

1．因地制宜

有些育苗场苗种仅是自繁自养，规模可小一些；有些育苗场的育苗目的是销售，或者部分出售、部分自养，则规模可大些。育苗场是否包括中间培养设施也要因地制宜，一些育苗场生产和销售稚贝，有些则仅生产幼虫销售。这些，在很大程度上要取决于育苗场的自然环境条件、苗种的需求状况等。

2．先进性与实用性

育苗场在规划设计前应对同行厂家进行多方面的考察，汲取各家的先进经验，博采众长。同时还要充分考虑自身的环境及物力、财力等条件，力求经济实用。

3．远瞻性

育苗场设计时应有长远规划，初建时确定的目标不可太低。否则，建成后再想扩大规模和培育品种，不仅会造成资金浪费，还容易导致设施不配套，不适应新培育工艺的要求，生产效率低等种种弊端。因而设计之初必须为未来发展留出空间。

4.1.2.2　育苗室

育苗室是苗种培育的最基本设施。一个育苗场的生产规模通常都是指其育苗室的培育水体数。

1．育苗室利用系数

水产育苗室的有效利用系数，是指该育苗室内全部育苗池的有效水体总数与育苗室的建筑面积数的比值。其中，建筑面积也称建筑展开面积，它包括该建筑内培育池的总面积、培育池之间通道的总面积、工作室及其他空闲场地的面积、所有墙壁的占地总面积。育苗室有效利用系数的高低,可反映育苗室设计对土地的有效利用程度及室内布局的合理性。

2. 育苗室的建筑结构

育苗室主体建筑的作用是保温、防风雨和调光。多为单层单栋建筑,平面形状以长方形居多。屋顶结构形式有拱形、人字形、单面坡形等。也可根据生产规模的大小设计成数栋并联的形式,屋顶面也随之由单跨改建成双跨或多跨,每栋跨度一般为9~18 m。采用双跨或多跨结构占地少,建设费用低。两栋之间的隔墙可装设大面积中旋窗,既能调节室内的温度与光照,又利于不同种类苗种的同时培育。

育苗室的长度以30~50 m为宜,室内净高不应小于2.8~3.3 m。墙壁多采用砖混结构,加钢筋混凝土立柱和圈梁,墙厚24 cm或37 cm,外抹水泥砂浆面,内墙涂白色防水涂料。窗户的采光面积可为建筑面积的10%~30%,窗台标高一船高出池顶0.2~0.3 m。

低拱结构的屋顶抗风力强,在风力较强的海边应优先采用。底拱梁由角钢或钢管焊接,采用木条或钢结构衬木板条,其上安装玻璃钢波形瓦,用木螺丝加圆弧形木垫块或其他材质的垫片固定。用红瓦敷屋顶多采用人字形屋架。

贝类育苗室的顶面要求不透光,可采用钢筋混凝土屋架,钢筋混凝土屋面板或红瓦敷顶。而鲍育苗室则要求室内采光好,可采用遮光少的钢制屋架,顶面用透明玻璃钢波形瓦铺设。

室内育苗池的布局可为单排池或双排池。单排池两侧设通道,育苗池进水端的通道宽0.8~1.0 m,管沟上设活动盖板,以便于行走与维修;排水端的通道宽1.0~1.2 m,通道下为排水沟,上盖活动盖板供行走。排水沟深1.2~1.6 m,沟底标高应低于池底标高0.3~0.4 m。沟底向排水方向倾斜,排水坡度不少于0.3%~0.5%。双排池可设3条通道,中间通道宽不少于1.2 m,两侧通道宽不少于0.8 m。通道标高应等于或略高于室外地面,育苗池壁上沿高于通道0.7 m左右。通道盖板可用钢筋混凝土板或木板,盖板下两池外壁上也可敷设供热管、供气管、供水管。

3. 育苗池

苗种的培育池也称育苗池,其形状、大小、结构等,依据所培育生物的生态习性及育苗工艺要求的不同而不同。双壳贝类育苗池大多为长方形。

贝类育苗池的池深一般为 1.6～2.0 m,长宽比(2∶1)～(4∶1),单池有效水体以 30～80 m³ 较为多见。育苗池一般都用 100 号水泥砂浆砌砖,或者钢筋混凝土浇筑。

贝类育苗池的池壁厚度,钢筋混凝土的为 12 cm,砖砌的 24 cm。砖砌池壁在中部和顶部各加钢筋混凝土圈梁一道,有时为了便于操作时行走,压顶圈梁的两侧可各挑出宽 10～20 cm 的挑檐,使池壁上沿宽度延伸为 40～50 cm。挑檐下可预埋支架以备架设管道用。育苗池内壁应做 5 次防水抹面,要求表面平整光滑,池底向排水侧倾斜,坡度大于 2%,排水孔设于最低处。鲍育苗池池壁厚 12 cm,可不加圈梁与挑檐,其余要求基本相同。新建的育苗池必须浸泡 1 个月,中间需酌情换水,以彻底去除水泥的碱性,确保不影响育苗的水质。每个育苗池都要配备有单独的供水管,管径 50～80 mm。同时还要配备有充气管、喷淋管等接口,以方便使用。

4.1.2.3　饵料室

饵料室是贝类育苗室最重要的配套设施,主要用于贝类浮游幼虫期和稚贝期单细胞饵料藻类的培养,以及亲贝暂养和促熟培育期的饵料供应。饵料室又可分为保种室和饵料培养室(也称二级和三级饵料培养室)两个部分。保种室主要用于饵料藻类藻种的分离、纯化和扩大培养,也称一级饵料培养;饵料培养室则用于饵料藻类的生产性培养。饵料培养池与育苗池的比例以(2∶3)～(1∶4)为宜。屋顶用透光的玻璃钢波纹板或 PVC 阳光板覆盖。室内需配有饵料培养瓶、培养瓶支架、调温控光设施及消毒、过滤器具等。

1. 建筑结构

好的饵料培养室必须保温良好,室内光线充足,照度均匀。光照强度可调;饵料室四周开阔,通风条件好;有独立的供水系统,投饵最好可实现自流化和自动化。屋面一般都采用透明玻璃钢波状板或玻璃等透光材料铺设,透光率应在 70% 以上。四壁设大型窗户,以增加采光量。低拱屋顶,室内屋面以下及所有窗户均设 1～2 层遮光帘或布帘调光。饵料室因而要培养不同种的饵料藻类,它们所要求的温度、光照不同,如三角褐指藻要求温度低些,光照弱些;而角毛藻、小球藻、扁藻要求温度高些,光照强些,同一饵料室难以满足不同的要求,因此,设计时可以考虑将其分为几个独立饵料间。

考虑到在连续阴天或夜间饵料生长,饵料室最好安装生物效应灯或其他高效强光灯。冬季室内应设采暖设备,以确保育苗期间饵料藻类的培养及充足供应。

2. 饵料培养池

饵料池建在三级饵料培养室内,主要用于二级饵料藻类和三级饵料藻类的培养。饵料池可分为两种规格,一种用于二级饵料藻类的培养,单池面积 2～4 m^2,水深 0.5～0.6 m,称二级培养池;另一种用于三级饵料藻类的培养,单池面积 10～15 m^2,水深 0.6～0.8 m,称三级培养池。二级培养池与三级培养池的面积比一般为(1:5)～(1:10),也可不设二级培养池。

饵料池一般为砖砌水泥池,内壁涂无毒的白色漆或白色防水涂料,以增强对光的反射,有利于饵料藻类的生长,同时也便于清洗与消毒。饵料池,特别是二级饵料池也可用白色的硬质塑料水槽或玻璃钢水槽等代替。每池都应设有独立的排污管及充气设备,供水管可以为移动式。

3. 保种室

保种室多建于三级饵料培养室的一侧。由于饵料藻种的扩大培养一般在冬春季就要开始,因此其保温采暖的条件要更好一些,要求冬季室温不低于15℃,夏季不超过25℃。保种室内的藻种培养器材大多为5L的玻璃三角烧瓶或20L的玻璃或塑料细口瓶,用货架式支架分2～3层培养,并增设人工光源促进藻类繁殖生长。此外,保种室内还要配置培养用海水的精过滤设备、高温(或煮沸)消毒设备、培养器材的高温高压消毒设备、显微镜、称量天平等必要的仪器设备。

4. 封闭式连续培养器

近年来,利用光反应器进行饵料生物的连续培养已开始被人们关注,并在一定范围内被广泛地推广应用。封闭式连续培养有占地少、受光均匀、可防止污染、饵料质量好、培养效率高等优点,有非常好的应用前景。部分国外育苗生产厂家已用其取代了传统的饵料池培养方式。

4.1.2.4 海水供应系统

供水系统是育苗场最重要的配套设施,提供高质量海水是做好贝类育苗的首要条件。供水系统的水源、取水设备、水处理及供水设备等必须临近育苗设施,以节省能耗,方便管理和安全使用。

主要由纳潮闸、蓄水池、黑暗沉淀池、砂滤池、高位池及进水管道等组成(图4-1)。

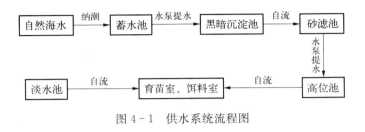

图 4-1　供水系统流程图

1. 水源的选择

育苗场的海拔应尽量低,以降低水泵的输水高程,节约能耗。水泵的取水距离应短、吸程高度低,以提高水泵效率,增大取水量。若取水海域海水表层的温度和盐度易出现较大波动,取水口应下降到海水温度和盐度相对稳定的水层(海平面以下 20 m 左右),特别是在暴雨多发的地区取水口更应该深些,以避免突发性的盐度变化和浮泥淤积。有些浮游生物也容易对贝类幼虫造成危害,取水口还应避开浮游生物的密集分布区或密集分布水层。

在有条件的地区,育苗场还可以通过钻井抽取深井海水的途径解决育苗用水问题。深井海水的水温比较稳定,并通过地质层的过滤,悬浮物少,水质清澈,但溶解氧含量有时较低。使用前必须经过曝气。深井海水在使用前必须经过水质检测合格后方可使用。

在某些区域也可以在滩涂上修建池塘储水,以满足育苗用水需求。

2. 取水设备

由海区取水的主要设备多为离心式水泵,水泵的规格如出水量、扬程、口径等的设计应满足生产过程中需水量的要求,既要有充分余地,又不浪费能源。必须确保水泵所有与海水接触的部分都是无毒的,不使用容易被海水腐蚀的材质或含有铜、锌等有害重金属成分的水泵,否则有可能对育苗用水造成重金属等有毒物质污染。

3. 沉淀池与贮水池

沉淀池和贮水池是供水系统在陆上存贮海水的主要设施,可在气候恶劣或取水设备供水量不足时为系统及时补给海水,起到一定的缓冲与保障作用。

刚抽取的海水首先要经过沉淀池的沉淀处理,海水的沉淀时间要求不少于

24 h。沉淀池既可建在地上,也可建在地下。采用地下池沉淀,海水温度可免受气温的影响,温度稳定,沉淀效果好。贮水池则一般都建在地上,最好建成高位池,以借助池水的压力实现自流供水,不消耗动力即可随时提供育苗用水及饵料培养用水。海水质量好的育苗场也可利用贮水池代替沉淀池,不再另建沉淀池。

沉淀池和贮水池可建成长方形或者圆形(指横截面),池壁为石砌、砖混结构或水泥浇注。池底应有 1‰～3‰ 的坡度,在池底最低处的池壁上设排污口,其上方约 20 cm 处设出水口,距池壁近顶端约 10 cm 处设溢水口。地上池的池顶需加盖,以利于保温和防尘,池盖上需留有出入口,供人进入池内清刷时使用。沉淀池和贮水池最好都分成 2～3 个独立的单元,以方便轮换使用,而且应定期清理,清洗除污。沉淀池与贮水池的容量最好为育苗池总容量的 2～3 倍,以保证恶劣天气时满足供水需要。

4. 过滤设备

沉淀后的海水需要进行砂滤,以除掉 20～40 μm 的悬浮颗粒物质,进一步净化水质。此外,过滤还可以阻挡污损生物幼体的进入。污损生物幼体一旦进入育苗室管道并在管道内生长繁殖,不仅会堵塞输水管道,而且死亡后还会污染水质,使供水管道中厌氧菌大量繁殖,而好氧菌的数量减少,对培育的贝类幼虫和幼苗造成直接或间接危害。

国内贝类育苗场常用的过滤设备有以下几种。

(1)常压砂滤池:常压砂滤池是依靠过滤海水的自身质量通过滤料层。滤料多采用细砂,不同粒度的砂分层铺放组成过滤层。砂滤池底部留有蓄水空间,其上铺水泥筛板或塑料筛板。筛板上密布 1～2 cm 的筛孔,板上铺约 1 mm 网目的聚乙烯纱网 2～3 层,纱网上先铺一层厚约 20 cm、粒径 2～3 mm 的粗砂,粗砂上再铺一层厚 80～100 cm、粒径 0.15～0.2 mm 的细砂。

常压过滤池的优点是构造简单,施工容易,投资少,在滤料相同的条件下其滤净效果要优于加压过滤器。缺点是水流速度小,单位面积的滤水量少,为此需要修建面积较大的过滤池,才能弥补其滤水量的不足。

(2)压力式砂滤器:压力式砂滤器多制作成罐状,滤料也是细砂,因此也称砂滤罐。近来也有用纤维球、微孔纤维板、中空纤维棒、微孔硅橡胶膜等作滤材的,其过滤效果优于砂滤,但因造价较高,尚未普及。

压力式过滤是在封闭系统中进行的,被过滤的海水在一定压力下通过滤层,压力依靠水泵加压或靠高位池中海水的重力。

　　育苗场常用的过滤罐是用铁板焊接而成的,圆柱形,顶部与底部为锥形或半球形,内、外壁涂刷无毒防锈漆或树脂保护层防腐。下部设筛板,筛板上铺厚约 10 cm 的网衣,网衣上铺一层纱网和一层 200 目的筛绢网,筛绢网上再铺50～100 cm 厚的细砂滤层。为了防止漏砂,筛绢网的四周与过滤罐接触部要用胀圈挤紧。

　　压力式砂滤器滤水速度快,内径 3 m 左右的压力式砂滤罐过滤能力达20 $m^3/(m^2 \cdot h)$。滤层还可以进行反冲清洗,洗脱的污物可通过逆流管排出滤器外。砂滤器在投入使用前,要先按反冲方式由下而上缓促进水,待海水充满过滤器后才能改换为过滤方式。若砂层之上没有水层保护而直接从上方注水,水流会冲坏过滤砂层,影响以后的过滤效果,甚至完全破坏滤层。

　　(3) 重力式无阀砂滤器:近年来,一些大中型育苗场多采用重力式无阀砂滤器进行水的过滤。重力式无阀砂滤器不需设控制阀门,可自动冲洗滤层,使用管理方便。缺点是反冲时耗水较多。

　　该装置已有定型的成套产品上市,可以直接购买,也可以建造成水泥无阀砂滤池。重力式无阀砂滤器需要由两个或两个以上组成过滤系统使用,工作时有的处于过滤状态,有的则处于反冲状态,以保证整个系统不间断地供水。

　　除以上 3 种之外,国外及其他行业使用的过滤器还有微孔纤维板自动反冲式过滤器、可动清洗的旋转滤鼓、具有较大表面积的筒式或袋式过滤器等。

　　5. 输水管线与控制阀

　　所有的输水管道和控制阀都必须是无毒和耐海水腐蚀的。目前多选用聚氯乙烯(PVC)管材,聚丙烯腈(ABS)或聚乙烯管材也可以选用。控制阀一般多采用聚丙烯腈或铸铁、不锈钢等材质的,禁用铜、铝等易被海水腐蚀的材质。

　　输水管的直径根据最大用水量确定。管道太细,流水阻力大,供水速度慢,换水时幼体容易干露时间过长;过粗则耗材太多,造成浪费。根据育苗室水体规模,一般输水总管的直径不小于 150 mm,以确保输水量和给水速度;支管大多为 80～150 mm;培育池的单池供水管多为 50～80 mm。室外管道的敷设应利于保温防冻和维修管理,控制阀的安装位置应便于操作管理。

　　6. 调温配水设备

　　为给育苗生产提供温度适宜的海水,必须先对部分过滤海水进行加热或冷却,然后再与自然水温的过滤海水在供水池内调配均匀,使水温符合育苗要求后再输送到育苗池,该水池被称为配水池或调温池。国内大多数育苗生产单位都使用一个或几个贮水池代用,不再单独建设配水池。而国外的许多育苗厂家大都建有专门的室内配水池,甚至是配水车间。

7. 育苗水灭菌设备

贝类育苗过程中,卵和幼体培育阶段很容易被微生物感染发病,导致育成率下降,甚至育苗失败。为减少卵和幼体的感染发病概率,部分育苗生产单位在孵化及幼体前期培育阶段,对过滤海水在使用前要进行消毒处理,尤其在高温季节或者是病害蔓延的时候使用的概率更高。此外,单细胞饵料藻类培养,为避免微生物污染,培养水在使用前也需要经灭菌消毒处理。

海水的灭菌消毒处理方法很多,目前育苗室比较常用的有紫外线消毒、臭氧消毒、化学药物消毒、煮沸消毒、微孔过滤等。

贝类幼体培育用水的灭菌消毒大多采用紫外线或臭氧,使用的灭菌消毒设备一般都是采购市场上销售的灭菌成套设备,购买前应该根据用水量计算确定设备的种类、规格和功率大小。市售灭菌设备所标注的功效大多是依据淡水设计的,而海水中有机质含量和由胶体物质引起的浑浊度一般都要比淡水高,因此处理海水时的水流量要低于标牌上所标注的流量。用紫外线消毒海水必须先进行预过滤,因为紫外线会被海水中的微粒物质吸收,降低灭菌效率。

单细胞饵料藻类的培养用水多采用陶瓷或硅橡胶膜微孔过滤、煮沸消毒、化学药物消毒,以次氯酸钠消毒和煮沸消毒应用最多。

8. 废水的排放及净化处理与循环利用系统

我国沿海水环境日益恶化,部分水产养殖和育苗海域的自身污染严重,为保护海洋环境,政府对育苗场废水排放有一定的规定与限制。在建育苗场之前,必须对政府的相关规定有所了解,并且要遵守这些规定。

对于加温育苗及常温育苗的废水,为节约能源、减少对海区的污染,设计时最好有废水的回收、净化处理与循环利用系统。该系统包括回收、生物净化、沉淀、过滤、灭菌、补水、调温、再循环等几个部分。对于暂时无力增添该系统的育苗单位,废水起码应经过生物净化与沉淀后再排放,以避免自身污染,保护海洋环境。

如果育苗场培育的是引进的外来品种或品系,按照政府的规定,外来生物需要隔离观察,防止害虫、寄生虫和传染病随着外来物种的引入而入侵。这需要育苗场规划时设计有隔离培育设施及排水系统,隔离设施需要建在单独的场所,用来暂养、促熟和催产亲贝。隔离区的污水单独收集,排放前用高浓度的次氯酸钠灭菌,再用硫代硫酸钠中和后方可排放。

4.1.2.5　供热系统

为缩短养殖周期,提早进行升温育苗是十分必要的。升温育苗不仅可以加快幼虫生长和发育速度,为养殖生产单位提供大规格苗种,提高养成率,同时还可进行多茬育苗,提高育苗设施的利用率和生产效率。育苗场的供热系统主要是为升温育苗而设立的配套系统,其作用是为升温育苗提供足够的加温海水和为育苗室采暖提供热源,使升温育苗的水温与室温符合育苗工艺的要求。供热形式分锅炉加热和电加热。

1. 锅炉加热

利用锅炉加热是目前国内贝类育苗场最常见的加热方式,主要加热设备为锅炉(分蒸汽锅护和热水锅炉),利用锅炉产生的高温蒸汽或高温水间接或直接加热海水。使用锅炉加热速度快、成本低。适用于大规模育苗。但设备的一次性投资高,淡水消耗量大,且对淡水质量的要求较高。加热海水的方式有以下3种:

(1)热交换器加热。利用热交换器内外换热的方式进行海水加热。目前比较常用的换热器有:列管式换热器、板式换热器、螺旋板换热器等,材质有高碳钢、不锈钢、钛等。热交换效率以螺旋板换热器最高,换热能力相同的情况下其体积也最小,但价格相对较高。材质以钛最好,耐海水腐蚀力强,对贝类幼虫无害。

(2)预热池加热。海水在预热池中进行加热,然后再送往培育池。加热方式分两种:一种是向预热池的海水直接充入锅炉产生的高温蒸汽,其优点是热效率高,加温快;缺点是冷凝水有可能对被加热海水的水质产生不良影响,目前已很少采用。另一种是在预热池底部安装加热盘管,利用锅炉的蒸汽或高温水加热海水。加热管多用无缝钢管,管外涂环氧树脂、RT—176涂料等进行防腐处理,或者用塑料薄膜带缠绕2层后再在管内通入蒸汽,使薄膜受热收缩后牢固地贴附于加热管上,也可预防锈蚀。

(3)培育池内直接加热。热交换器在需要升温的培育池底部都安装加热盘管加热升温。加热管的材质及安装方法与防腐处理等同预热池。优点是各培育池可同步进行升温,池间的温度差异可随时调节;缺点是耗材多,加热盘管对育苗操作有一定不良影响。

2. 电加热

电加热的优点是加热器体积小、效率高、使用方便、温度可实现自动控制;缺点是加热成本较高,在电力不足的地区或大规模育苗时其应用要受到一定的限制。加热器材为电加热棒、电热器等。其一般设计要求每立方米水体需配备 0.5 kW 的加热功率。

4.1.3 育苗土池的设计及建造

土池育苗由于具有投资较少、施工简单、管理方便、经济效益好等优点,在我国南方沿海较早推广应用,并迅速发展。沿海地区部分单位根据自身的环境特点,已开始生产应用,并取得了可喜的初步成果。

4.1.3.1 设计要求

1. 设计原则

根据当地的自然环境及海域条件,因地制宜地进行设计。根据投资方的资金情况,尽力做到便于生产与管理,配套设施齐全,投产后可稳定运行。可实现一池多用,既能育苗,又可养殖。可以进行综合利用,发挥最大的经济效益。给排水系统中应采用潮差蓄水池净化海水,实现半封闭或全封闭供水,以减少发病率。采用新技术改良生态水环境,如微流水、覆盖温室大棚等,延长苗种生长时间,实现室外越冬。

2. 选址条件

选择海区沿岸无工农业污染物流入、淡水水源,便于调节池水盐度。场址底质应选择壤土类,筑堤建池不渗混、不干裂、底栖藻类容易繁殖生长。地形平坦。有一定坡度,便于进排水。电力供应充足,交通方便,以利于商品苗及生产物资的运输。

4.1.3.2 土池建造

育苗土池一般是在潮间带筑堤修建,依靠纳潮与提水相结合的方式供水。也可修建在潮上带,采用机械提水。宜采用半封闭式或封闭式供水方式,育苗土池、蓄水池、给排水渠道应进行一体化设计,蓄水池容积为育苗土池水体的

$1/4\sim1/2$。

1. 土池规格

土池规格包括土池形状、面积、水深、边坡等,因各地生产技术要求、气候条件、培育品种及土池类型的不同而不同。

土池的形状以长方形最为适宜,长宽比为$(2:1)\sim(3:1)$。土池形状与苗种的生长虽无关系,但与土池的合理布局、苗种的培育管理、土地的有效利用率、工程造价等有关系。长宽比较小的长方形土池,水流状态不好,池底中央易淤积呈球面状,而且管理不方便。采用推土机建池,长宽比较大的土池省工。

土池面积要根据建场场址的地形、坡度、土池的类型、生产管理、供排水情况等而定。

土池的类型不同,其面积大小也不相同。从生产管理的角度看,土池面积太大,不便于管理,供排水也存在诸多问题,特别是长宽比较小的土池,一池一个进水闸和一个排水闸,池内水流状态差,易存在较大的"死角"和"死区"。

另外,土池面积也不能太小。水面太小,受风面小,水面上不易形成波浪,池水上下水层混合较差,水中溶氧较少,不利于苗种生长。

土池的水深要求平时水深保持在 $1\sim1.7$ m,池中水面低于围堤顶面 0.5 m。土池池堤的边坡坡度大小主要由其土质、池深和生产管理方式等因素确定。坡度用边坡系数 m 表示,一般土质的土池边坡系数为 $1\sim2$。若土质是重壤土或黏性土,且又是浅水土池,边坡系数可适当减小。

2. 土池的设计

土质土池一般是挖土围堤修筑而成。各种生产性土池的结构尺寸,应根据养殖对象的种类、生活阶段、当地气候条件及生产技术要求等设计确定。

围在土池四周的挡水堤坝称池堤。池堤又分隔堤、边堤和交通堤。隔堤位于土池和土池之间或土他和渠道之间,两面临水;边堤在土池或渠道与场地之间,一面临水;交通堤是作为交通用的隔堤或边堤。濒临近海的育苗场四周所修筑的保护土池的大堤称围堤,其作用是在大潮汛期或大风浪天气保证育苗场不受潮水和风浪的侵袭。

3. 土池的布置

育苗场土池总体布局要整齐合理,方便管理。只要地形允许,同类土池应统一规格。这样可充分利用地面,使育苗场池塘整齐划一。土池的方向宜东西走向,使池面接受阳光照射的时间长,对于水中天然饵料的繁殖有利。同时还能充分接受风力作用,形成微波,增加溶氧。为了使土池进排水畅通,排水彻底,池底应有(1∶200)～(1∶500)的排水坡度。

育苗场的设计图一般分为场区平面布置图和土池平剖面图。平面布置图用于表示育苗场各设施的相对位置及方位,用于全场的建设施工。土池平剖面图是各类土池的俯视图和剖面图,俯视图用于表示土池长、宽及池堤顶长、宽等;剖面图用于表示土池的堤顶高度、池底高程、池堤坡度等,便于土池建设施工。

4.1.3.3 进排水系统

土池育苗场一般分进水和排水两个系统。组成进排水系统的渠道,可分为总渠、干渠和支渠3级。为了防止疾病的传播,进、排水渠一定要分开。如果有条件,最好进水用管道,排水用沟渠,虽然造价增高,但占地少,管理方便。

育苗场进水总渠的渠道设进水总闸,总渠下设若干条干渠,干渠下设支渠,支渠连接土池。育苗场的总渠应按全场所需要的流量设计,总渠分管一个场的供水;干渠分管一个区的供水;支渠分管几口土池的供水。每口土池,一端接供水支渠,一端接排水支渠。若干排水支渠汇集入排水干渠,若干排水干渠汇入排水总渠,排水总渠末端设排水总闸。如此就构成育苗场的供排水系统。

有些地区土池的进排水采用单一系统,即土池只设一个闸门,进、排水用同一个闸门和同一条渠道。该设计是很不科学的,容易使部分池的排水又混入其他池的进水中,有可能造成一定程度的水质污染和疾病的传播(常亚青,2007)。

4.2 贝类的苗种生产

4.2.1 贝类工厂化育苗

贝类的工厂化育苗,也称规模化室内人工育苗,一些重要经济种类,已经基本形成了亲贝促熟培育、诱导采卵、授精与孵化、选育及浮游幼虫培育、浮游幼虫采集及稚贝培育、稚贝中间培育等一整套比较完善的育苗生产工艺及技术规程,积累了较为齐全的参考资料(附图5,附图6)。

贝类的工厂化育苗大致上可分为常温育苗和升温育苗两种方式,两者的主要技术环节基本相似,但培育的工艺条件及培育设施略有差别。

4.2.1.1　亲贝的促熟培育

1. 亲贝促熟培育的目的

某些种类的贝类,其性腺的成熟时间不集中,产卵期一般都拖得很长,一年之中大部分时间几乎都可以发现有成熟的个体,但成熟个体在整个群体中总是只占很小的比例。可先设置一个低温期,使亲贝的性腺发育都进入静止期,然后再使其逐步发育成熟。

2. 培育设施

亲贝促熟培育一般都是在室内的培育池内进行的。根据亲贝的生活习性及培育数量多少和培育时间长短的不同,有些种类是在育苗室内进行,有些则是在专用的促熟培育室内进行,培育池的大小和形状等也因亲贝的种类不同而不同。

双壳贝类育苗,亲贝的培育量一般都比较大,促熟培育时间也不是太长,促熟培育大多都在育苗室内进行,培育池可使用普通育苗池,如容积 $20\sim50\ m^3$ 的长方形水泥池、大型树脂水槽等。而对于促熟培育时间较长、亲贝数量又不太多的种类(如鲍等),为节约能源,便于管理,促熟培育一般都是在专用的小型培育室内进行,培育池大多为 $1\sim5\ m^3$ 的小型水池或水槽。

在大型水泥育苗池内进行促熟培育,亲贝既可以用浮动网箱或多层网笼吊养在池中,也可以散养在池底,多采取静态换水的模式培育。

3. 培育方法

亲贝的促熟培育密度,由于其种类个体大小、代谢强度、培育水温、饲育方法等的不同而不同,要根据各种因素适当进行调控。总的原则是既能有效地利用培育水体,又可使培育池内的水质始终保持在良好状态。

因不同种类的亲贝个体大小不同,其培育密度一般很难按个体数计,通常只能按生物量计,多数情况下亲贝的培育密度大都控制在 $1.5\sim3.0\ kg/m^3$。培育水温高,密度要适当低些,培育水温低则密度可适当高些;个体大的亲贝生物量可适当大些,而个体小的则应适当小些;多层笼分层吊养时密度可适当大些,而单层散养的密度则应小些。

4. 管理

亲贝促熟培育期间应根据培育密度大小及培育水温高低每天换水 $1\sim2$ 次,每次换水 1/3 至全量。要求换水前后的水温变化幅度不超过 $\pm0.5^\circ C$,特别是接近于成熟的亲贝换水温差更不能过大,以防因温差刺激而引起亲贝自行排放精卵。此外,排水与注水时应慢而稳,以减少水流对亲贝的冲击。

充气可增强池内水的交流,增加溶氧含量,预防局部缺氧。但应注意控制好充气,避免因充气量过大而造成较大的水流冲击,影响亲贝的摄食活动,甚至有可能引发亲贝自然排放精卵。

5. 亲贝的喂养及投饵量的计算

由于不同贝类的摄食习性不同,亲贝促熟培育期间的饵料种类也各不相同,是符合亲贝的习性及满足性腺发育的营养需要。

对于滤食性贝类,如牡蛎、蛤仔等,亲贝促熟期间的主要饵料是单细胞藻类,常用种类有扁藻、巴夫藻、等鞭金藻、牟氏角毛藻、骨条藻、魏氏海链藻、假微型海链藻等。小球藻、盐藻等细胞壁较厚,不易消化,饵料效果不是太好。日投喂次数一般为4~6次,投喂量应依亲贝生物量、培育水温等计算确定,并要根据亲贝的摄食状态及水中的残饵量进行适当增减。几种藻类按适当比例混合投喂比单一品种投喂培育效果好。

有国外学者认为,饵料的种类及其投喂量不但直接影响亲贝的性腺发育,而且对未来卵的质量和幼体发育也有一定影响,亲贝的食物结构与食物量同等重要。国外双壳类亲贝投饵量的计算大多是根据亲贝及饵料藻类的干重。并认为,促熟期间日投喂量(微藻干重)应控制在亲贝软体部(干重)的2%~4%,投喂量超过6%对于亲贝的促熟是不利的。因为投喂量过大和培育温度高容易加快亲贝的生长,而不是促进性腺的发育。

其测定方法是:亲贝的软体部干重为随机取样10~12个,开壳后取出软体部,置于烘箱内50~80℃烘干48~72 h,恒重时称重,其个体平均值即可作为亲贝的平均软体部干重。同法还测得,每100万扁藻细胞的干重约为0.2 mg,100万个牟氏角毛藻细胞的干重约0.03 mg,计算投饵量时可以作为依据。

在促熟培育前期,食物的营养结构会影响亲贝早期卵母细胞营养组成中主要脂类(磷脂)的结构。如果食物中缺乏多不饱和脂肪酸,包括二十碳五烯酸(EPA)和二十二碳六烯酸(DHA),将会使卵细胞膜中缺少这些成分。因此,亲贝的食物组成中应该包括富含不饱和脂肪酸的藻类,如牟氏角毛藻、海链藻、巴夫藻、等鞭金藻等。培育后期,亲贝由饵料藻类中摄取的中性脂类会积蓄在卵中,作为未来胚胎和幼虫发育期的能量来源。因而饵料种类的搭配对于亲贝的成熟和未来卵的质量是十分重要的,但这点往往容易被人们所忽视。

4.2.1.2　人工诱导产卵和受精卵的孵化

1. 人工诱导产卵方法

一次性获得足够的大量成熟卵,是贝类工厂化人工育苗中的重要步骤。虽然可以通过解剖法取得成熟的配子,但大部分贝类用该方法很难得到有发育能力的配子,因为这些贝类的卵必须通过输卵管后才能发育完善,具备受精能力,因而催产技术便成为人工育苗的重要技术环节之一。不同种贝类常用的催产方法不尽相同,其原则是刺激方法本身必须对卵的受精、受精卵和幼体发育不产生任何不良影响。

贝类比较常用的诱导产卵方法有:变温刺激、阴干刺激、流水刺激、氨海水刺激、过氧化氢海水刺激、异性配子刺激和紫外线照射海水浸泡法等,有时还几种方法联合使用。药物刺激也可取得较好的效果,但有时可能导致幼体成活率偏低。

(1)阴干刺激根据亲贝的种类及个体大小的不同,每次阴干时间可控制在1～6 h 不等。亲贝在进行阴干刺激时温度应适宜,环境应保持一定的湿度,以免刺激强度过大而排放不成熟配子,甚至对亲贝造成过大的伤害。

(2)变温刺激取成熟的亲贝,洗净表面,放入产卵槽、产卵池或培育池中。变温刺激的水温差一般都控制在 ±3℃,变换时间 30～60 min。但对于那些促熟培育温度较高的热水性贝类,变温幅度必须控制在其耐受范围之内,否则刺激强度过大,有可能对配子产生不良影响,甚至导致亲贝死亡。

(3)化学药物刺激可采用在海水中加入氨水或加入过氧化氢等方法。过氧化氢海水的浸泡刺激浓度为 2～4 mmol/L,浸泡刺激时间一般为 15～60 min。氨海水的浸泡刺激浓度一般为 7～30 mmol/L,浸泡刺激时间一般为 15～20 min。

(4)解剖法采卵多用于太平洋牡蛎及其他相似的卵生型牡蛎,但使用本方法会损失一定数量的成熟亲体。其方法是:去掉牡蛎左壳,露出软体组织。用解剖刀反复切割性腺,再用过滤海水在盛有半杯海水的烧杯或桶中冲洗配子;或用干净移液管吸取配子。剥离时注意不要刺破消化腺,以免配子被胃肠组织及微生物污染。解剖后应先取雌性配子,每个雌贝的卵可单独收集在装有海水的 2～5L 玻璃烧杯中或集中收集于 10～20L 的塑料桶中。海水需要过滤和紫外线消毒,并保持一定温度,取完后,再用相同方法获取雄性配子。普遍的做法是取每个雄贝少量精子,再集中混合到一个装有同样海水的 1L 玻璃烧杯中。精子密度不要太大,以视线基本能透过烧杯看到近处物体为准。

2. 人工授精

贝类工厂化育苗,催产时获得的雌雄配子密度一般都很大,一旦精子密度过大,会破坏卵膜,容易造成畸形卵裂。因而雌雄配子排放后最好分别收集,然后再进行人工授精。

贝类的雌雄配子离开亲体后,其活力将随时间的延长而下降,环境温度越高其活力下降得越快。卵的活力下降速度比精子更快,时间稍长则受精率明显下降;精子的活力持续时间要明显长于卵,但存放时间过长其受精能力也将下降。因而,及时予以授精是非常必要的。一般的要求是雌雄亲贝排放后的 1 h 内必须予以授精,温度高则授精时间还应适当缩短。

授精时加入的精子量应严格控制,一般要求受精后立即取样在显微镜下观察,以视野内每个卵周围有 2～3 个精子比较适宜。一旦发现精子过多,应及时进行彻底洗卵,洗卵被认为是比较有效的补救措施之一。将多个不同雄贝的精子混合后进行授精,对于提高受精率及幼体的质量还是十分有益的。对于成熟良好的卵,受精率一般都会超过 90%。受精后可用网目 90 μm 或稍大些的筛网轻轻过滤受精卵悬液,以除去产卵时带出的污物和多余精子,降低培育过程中微生物对胚胎和幼虫可能带来的危害。

雌雄同体贝类与雌雄异体贝类的受精在本质上是相同的,但具体操作时难度较大,其重点是尽量避免雌雄配子自体受精。雌雄同体的贝类在配子排放时本身就具有避免自体受精的机制,一般都是雄性配子先排放,然后再排放雌性配子,两者之间要经过一段较短时间的停滞,其后还有可能再进行下一次重复排放。因此,应充分利用这一短暂的停滞时间,尽快将雌雄配子分别进行收集。不同个体产出的每一批卵需要分开保存,并且用 3～4 只雄性个体新近产出的精子混合后进行授精,授精比例可按 1L 卵悬液加入 2 ml 精子。

3. 受精卵的孵化

由受精卵发育为浮游幼虫的过程被称为孵化。

双壳类胚胎的孵化大多是在大型育苗池内进行。孵化密度一般控制在 15～50 个/ml,因种类、大小和水温的不同而各不相同。孵化水温一般都与亲贝的促熟培育水温相同。

受精卵发育至担轮期后,可冲破卵膜而上浮,成为可以依靠纤毛在水中自由游动的浮游幼虫。由受精卵发育至浮游幼虫的时间,因贝类的种类和培育水温的不同而不同,快者只要 6～8 h,后者则超过 48 h。

4. 上浮幼虫的选育

幼虫上浮后应及时进行选育。通过选育可选取幼虫中健壮的优质个体,淘汰劣质个体,达到优胜劣汰的目的。同时还可及时除去畸形胚胎和未正常孵化的卵,以避免微生物污染,保持培育水质的清新。通过选育可以使幼体的发育更加整齐同步。

贝类浮游幼体的选育一般是采取用筛绢网拖选的方式,或者采用虹吸法选取水体上层的幼体移至另一个水池继续培育。

4.2.1.3　浮游幼虫培育

双壳类的浮游幼虫培育时间较长,管理要求比较高。有时因轻微的疏忽即可能导致整个育苗工作的失败。虽然各育苗场因育苗种类及培育设施不同,操作管理技术有所不同,但有一个共同点,就是必须根据不同贝类早期发育阶段的生理生态特点,尽量满足其生物学的需要。

1. 培育池

我国双壳贝类的浮游幼虫培育一般都是在大型水泥育苗池内,采取静态换水的培育模式进行培育。

2. 培育密度

浮游幼虫的培育密度常因育苗种类和培育水温的不同而不同,我国双壳贝类育苗的浮游幼虫培育密度多数情况下都控制在 2～10 个/ml,15 个/ml 常被认为是安全上限。培养密度对幼虫生长发育也有重大影响,其影响机制主要表现为个体对饵料的竞争和代谢产物的自体抑制。因此适宜的培养密度又与投饵量和换水量有关。在充气培养状态下,青蛤幼虫的培养密度以不超过 15 个/ml 为宜。

3. 饵料及其投喂

食物和营养是一切生物生命活动的物质基础。在饥饿状态下,青蛤幼虫的生长率、变态率和存活率都发生下降,并且随饥饿时间延长,这些现象越明显。因此幼虫培育过程中必须保证足够的饵料。但藻类投喂过量也可能对幼虫的生长发育不利,在不充氧的状态下,投饵量过多可能会导致水体缺氧,此外,过多的藻类会向水中产生一些代谢物抑制幼虫的生长发育。在幼虫培育初期,饵料藻的密度宜在 2 万～5 万个/ml,随幼虫生长发育应逐渐增大投饵量,至发育到壳顶幼虫时,投饵量在 10 万～15 万个/ml 比较合适(王跃红,2009)。

幼虫的消化系统发育完全之前,呼吸和发育所需的能量源于卵黄的储备,发育过程中的胚胎也能从周围海水中吸收有机养分。但在幼虫发育到开口摄食之前的 12 h 内,添加一点培养的藻类饵料到幼虫培育桶里对幼虫发育十分有利。因在这时幼虫摄取的不是藻类细胞本身,而是藻类培养液中微藻细胞分泌的可溶性有机养分。据报道,添加少量人工培养的硅藻(如牟氏角毛藻)可产生出明显的效果。

对于贝类的浮游幼虫,并不是所有大小适合、容易培养的微藻都有较好的饵料价值。微藻的饵料价值不仅由其生化组成决定,还要由其摄取和消化的难度所决定。有些具有长刺的硅藻幼虫很难吃下去;有些微藻细胞壁厚,不易被幼虫消化吸收;有些虽然容易消化,但缺少幼虫发育所必需的多不饱和脂肪酸,对幼虫的营养价值低;这些藻类都不是理想的贝类幼虫饵料。

具有高营养价值的饵料藻类一般含有丰富的多不饱和脂肪酸 EPA 和DHA。因为贝类的幼虫自身一般都不能合成这类脂肪酸,投喂富含 EPA 和DHA 的饵料会得到很好的培育结果。常规培养的硅藻都有相近的多不饱和脂肪酸的组成,虽然不同种硅藻中特殊脂肪酸的总量稍有不同,但都富含 EPA;细胞个体较小的褐色鞭毛藻和球等鞭金藻有类似的多不饱和脂肪酸的组成,但DHA 含量更多些;塔胞藻可以用来代替扁藻,其多不饱和脂肪酸的含量介于扁藻和等鞭金藻之间。不同生长期的藻类营养构成也不同,进入稳定期微藻的多不饱和脂肪酸含量要高于指数期。

D 形幼虫的开口饵料和早期幼虫饵料多用金藻和小硅藻,也可将其混合使用。将几种微藻混合在一起投喂比单一投喂饵料效果好。一般可以将 2～3 种营养搭配合理、大小适宜的硅藻和鞭毛藻混合在一起,这样比单一投喂更能提高幼虫生长率和成活率,同时混合投喂还可以提高稚贝产量,并影响其以后的生长和存活。

幼虫平均壳长超过 120 μm 后,添加第 3 种微藻将有利于幼虫生长,特别是添加个体较大的扁藻会取得更为明显的效果。扁藻虽然可以直接替代等鞭金藻或巴夫藻,但是它不能完全替代饵料组成中的硅藻,因此最好的办法还是作为第 3 种饵料添加进去。

饵料投喂量通常按培育水体的体积计算,即每毫升培育水体中的藻细胞数(cell/ml)。不同种微藻的细胞大小,无论是体积还是质量都有很大变化,计数时必须充分考虑这一点。当 2～3 种微藻混合时,投喂量的计算按配比中每一种藻类的 1 个细胞体积为基本单位计算。例如,1 个等鞭金藻细胞的大小,相当于 0.1 个扁藻细胞或 0.75 个牟氏角毛藻细胞,各自的投喂量可按其大小比例进行换算。

4. 其他管理措施

换水量主要依据幼虫的培育密度和培育水温而定,在常规培养条件下,通常日换水 1～2 次,每次换 1/2～2/3。每 2～4 d 全量换水并倒池清底一次。

贝类的浮游幼虫一般都具有趋光性,光照不均匀容易引起幼虫在局部大量聚集,影响摄食及生长发育。因此幼虫培育期间以完全黑暗或小于 100 lx 的暗光为宜。

培育过程中需要充气。压缩气体内必须是无碳和无油。低压力、大气量的回旋式风机是最理想的。压缩空气可经过不同孔径的筒状过滤器过滤,过滤器滤膜的孔径为 0.22 μm 或 0.45 μm。经过过滤的空气中含有的有害微生物数量将大大地降低。

5. 影响幼虫生长与存活的主要因子

(1) 温度:幼虫培养过程中,影响其生长、发育和存活的众多因素中,温度是最重要的因素,因为幼虫的代谢率由其所处的环境水温决定。温度影响着生物体的新陈代谢活动,也是影响青蛤幼虫生长发育的重要因素之一。以青蛤为例,在 22～24℃ 的温度条件下,幼虫的变态率最低,浮游期较长,要 8 d 才能附着,日生长量也最低。随着温度的升高,变态时间缩短,变态率也逐步提高,日生长量也随之升高。在 27～30℃ 的条件下,仅需 6 d 就能从 D 形幼虫发育到壳顶幼虫,并且日生长量和变态率都要高于低温度试验组。水温对青蛤幼虫的生长发育至关重要,王丹丽等研究认为,青蛤浮游幼虫的适宜水温为 24～32℃,最适水温 26～30℃。

(2) 盐度:幼虫对盐度的耐受能力也有一定的限度,超过该限度不仅会影响幼虫的生长,甚至还关系到其存活。不同种贝类的幼虫,对水温和盐度的要求是不同的,必须根据其具体要求来选择其适宜的盐度。

(3) 饵料:饵料的种类和投喂量也是影响贝类幼虫生长发育的重要因子,其影响作用不仅直接影响幼虫本身,还关系到稚贝的质量及其未来的生长情况。饵料密度密切关系着幼虫的生长发育及成活率,优质的饵料及合理的投饵量是促进幼虫生长、提高幼虫变态率的重要因素。以金藻为例,饵料密度对青蛤幼虫生长发育和成活率的影响结果表明。饵料密度在 2 万~10 万个/ml 和 5 万~15 万个/ml 的组别幼苗生长快,变态时间短,成活率也高于 2 万~5 万个/ml 的饵料低密度组(王跃红,2009)。

(4) 海水水质:一般来说,要求育苗场全年都能稳定地进行生产一般是很难实现的。一年四季,自然环境变化要完全控制难以做到,海水质量的季节性变化与幼虫胚胎的生长和存活密切相关,有时会产生不利于幼虫培育的环境条件,尤其是海区浮游生物大量繁殖时,该时期水质变坏的确切原因还不完全清楚,而且也不是每年都发生。

海水在使用前用不同方法预处理 24 h,水质能够得到改善。除了通常过滤和紫外消毒的方法外,有效的处理方法是在过滤海水中加入 EDTA 和硅酸钠 ($Na_2SiO_3 \cdot 9H_2O$)20 mg/L,经 24 h 曝气后再使用。经过这样处理后可以明显提高从受精卵发育到 D 形幼虫的百分率。

(5) 卵和幼虫质量:卵质的概念既包含卵的成熟程度,也包括其内在的生化组分。这些指标涉及幼虫甚至是稚贝的发育。重点是卵内的脂类物质,尤其是多不饱和脂肪酸(HUFA)。HUFA 一方面在母体的卵发生期由亲本供给,另一方面是从饵料中直接获得。

培养种贝的环境条件对种贝的繁殖力和卵的质量影响极大。亲本无论是在自然环境条件下的性成熟,还是在人工蓄养条件下促熟,都与饵料的丰度及其营养成分有关。刚产出的卵内 HUFA 组成会因促熟期间饵料的不同而变化。

4.2.1.4　浮游幼虫的采集与培育

1. 幼虫的采集

幼虫经过数天的培育,待发现幼虫出现眼点、大多幼虫有初生足出现、有下沉现象时,及时将幼虫移到附着池,以便及时附着,进行稚贝培育。适宜的附着基质是幼虫附着变态的必要条件。贝类幼虫的附着基是多种多样的,其选取标准有两个,一是要适合于幼虫附着、附着变态率高;二是容易加工处理。贝类人工育苗和自然采苗常用的附着基为海沙、海泥或聚氯乙烯波纹板等。

　　附着基在使用前必须进行清洁处理,去除表面的污物及其他有害物质。否则贝类浮游幼虫或者不附着,或者附着后容易被毒害或感染死亡。海沙、海泥一般要经过滤、曝晒、煮沸或 $10\sim20$ mg/L 高锰酸钾浸泡;对于聚氯乙烯波纹板,处理方法是先用 $0.5\%\sim1\%$ 的 NaOH 溶液浸泡 $1\sim2$ d,以除去表面的油污,再用洗涤剂或清水浸泡,并洗刷干净。

　　贝类幼虫达到附着时的大小依种类的不同差别较大,如牡蛎幼虫壳长 $300\sim400$ μm,蛤仔幼虫 $220\sim240$ μm。大多数双壳类浮游幼虫附着变态前先都有一个显著的共同特点,就是先出现眼点,因而可以根据眼点的出现作为幼虫即将附着的标志。但由于幼虫发育不可能完全同步,人工育苗时大多控制在幼虫眼点出现率达 $20\%\sim30\%$ 时投放附着基进行采集。

　　不同种贝类的浮游幼虫要求的附着密度不同。采集密度过大不仅会影响幼体生长,还可能导致成活率低下,采集密度太小既浪费附着基,又增加培育工作量和育苗成本。采集密度常因育苗贝类的不同而异,大多数双壳类采集密度是按池内的幼虫密度计,如扇贝幼虫的采苗密度可控制在 $2\sim10$ 个/ml;而牡蛎、鲍等的采苗密度是按附着后的幼虫密度计,如贝壳采集牡蛎苗的适宜采苗密度为 $8\sim10$ 个/片,波纹板采集鲍苗的适宜采苗密度为 $200\sim300$ 个/片。

　　研究发现,同种类成贝的某些分泌物及某些化学物质,如含有神经传递质的 L-3,4-二羟基苯丙氨酸、肾上腺素、去甲肾上腺素、 γ -酪氨酸等有诱导贝类幼虫附着变态的作用。但其作用机制目前尚不完全清楚,而且有的对早期附着有效,但对晚期变态无效;有的可使本来不能完成变态的幼虫完成变态,但却不能使其发育成稚贝。因而至今在生产上还很少被应用。

　　2. 附着幼体的培育管理

　　附着幼体培育阶段的主要管理工作是投饵与换水。幼虫附着前期大多有一个探索阶段,时而匍匐,时而浮游,加之幼虫的发育不可能同步,因此在最初的几天内采苗池的水中仍会有一定数量的浮游幼虫,换水时必须用滤鼓或滤网,以免造成幼虫流失。投放附着基后一般要加大换水量;日换水不少于 2 次,每次换水量 1/2～2/3。同时,饵料的投喂量也要随之增加,以保证幼虫变态发育的营养需要,加速其变态,促进生长。

4.2.1.5 稚贝培育

当贝苗的进出水管形成后,进入稚贝培育阶段。以青蛤为例,受精卵经 3 d 长出初生足,第 7 天时面盘消失,长出出水管,培育至 20 d 时长出进水管。

1. 大型池净水培育

这是我国双壳贝类人工育苗中最常见的稚贝培育方式。培育池一般为水泥育苗池,在静水条件下培养,日换水 2~3 次,每次 1/2 左右。培育用水通常是粗沙滤水,目的是可以为稚贝提供水中自然发生的微藻。投饵量应根据稚贝的摄食情况及水中的残饵量进行调整,若微藻很快被摄食则应适当增加投饵量。如果是用升温海水培育稚贝,下海前要逐渐降低水温,以适应外界的海水温度。

青蛤稚贝培育池面积每个 480 m²(60 m×8 m),长条形,共 10 个,池深 0.5 m。移苗前必须铺设附着基,用泥浆泵抽取泥浆,用 80 目鳗苗网过滤入池,耙平使池中底泥的厚度达 2 mm,待底泥沉淀后,排出上清液,用 200 目双层筛绢网过滤,进水至 45 cm。

2. 上升流培育系统

这是国外经常采用的一种稚贝培育方式。适用于壳长 0.5 mm 的稚贝培养。该方法以足够大的水流将稚贝悬浮在培育容器底部附近,可防止稚贝相互积压。培育容器圆柱形,可以有不同大小,底部为尼龙网,网目根据稚贝大小调整。水流流速以可使稚贝达到半悬浮状态即可,这要取决于稚贝的体重、大小和容器的直径。稚贝越大需要的水流越大,容器直径越大需要的流速也越大。典型的流动床流量为 1~2 L/min,通过直径 5~10 cm 的容器时可以将壳长 1~3 mm 的稚贝层翻腾起来。每克稚贝保持 25~40 ml/min 的流量是比较理想的。

4.2.2 大规格苗种培育

工厂化育苗一般只能将稚贝培养到壳长 1~3 mm,如直接用于养殖和增殖很容易被敌害生物伤害,成活率低,难以取得好的增养殖效果。因而大多都需要再进行一段时间的继续培育。该培育过程通常被称为稚贝的中间培育,也称大规格苗种培育。大规格苗种培育是处于育苗和养殖之间的一个中间培育环节,既可视为贝类育苗的延续,也可视作贝类养殖的预备工序,其目的是以较低的培育成本使个体较小的贝苗快速生长,成为适合于养殖和底播增殖的较大贝苗。

池塘大规格苗种培育主要用于青蛤、文蛤、泥蚶等埋栖型贝类人工育苗的稚贝的进一步培育,可将 1 mm 的稚贝培育到 10 mm 以上(附图 7)。

4.2.2.1　场地选择

选择水流缓和、环境稳定、水质适宜、饵料丰富、敌害生物较少、底质适宜的中潮带上区或高潮带下区的滩涂筑建培育池塘。池塘内海水的温度和盐度变化必须适合育成贝类生长发育的要求。

4.2.2.2　培育池的构筑及放苗前的整理

培育池的单池面积一般为 $100 \sim 1000$ m^2。围堤高 $40 \sim 50$ cm,塘内可蓄水 $30 \sim 40$ cm。每 $10 \sim 20$ 个池连成一区,中间挖一条 0.5 m 宽的排水沟,区外面围筑高 $0.5 \sim 0.8$ m,宽 1 m 左右的土堤,以保护培育池。有的培育池在池底铺上筛绢网,周围围以网片,预防敌害生物侵袭。底质应具有软泥沙层 $20 \sim 30$ cm,并且底质温定。

在苗种投放前,要对底质进行细致的粉碎、耙耘、平涂处理,保持底质松软、畦面平坦,以利于贝类幼苗的潜居和管理。对培育池应预先消毒。每亩用鱼藤精 2.5 kg 浸取液或茶籽饼 2.5 kg 加水 10 倍浸泡 48 h 后捣碎带水泼洒。接入藻种,施肥肥水或在池中放养适宜数量的鱼类,利用残饵及鱼类排泄物肥水。视需要在池中配置适当功率的增氧机,促进水体交换和饵料微藻的生长繁殖。

4.2.2.3　播苗

人工培育的稚贝个体较小,可采用少量多次或在苗中掺入细砂的方法撒播,池塘水深 10 cm 左右。苗种较大时可直接露畦干撒。力求播苗均匀。播苗密度应根据稚贝大小、饵料条件等因素综合考虑,每亩 $4 \sim 6$ kg,随贝苗生长逐步疏散密度,以加快其生长。

4.2.2.4　日常管理

培育期间的主要工作是疏散分养、饵料调控、温度调控、盐度调控、防灾除害等。苗种增长到一定规格时必需适时疏散分养,减少稚贝死亡率,加速其生长。高温季节可采取利用池埂搭棚架,上覆苇帘遮阴或增加水流量等办法,使水温控制在 35℃ 以下。雨季或大雨过后,要注意池水的盐度,一旦盐度太低要立即排干塘水,纳入新海水,外源海水相对密度也很低时,可采取加入盐卤的办法来调节。播苗后连续 3 日每日泼撒 1.5 mg/L 的适宜药物以防因起捕、运输引起的感染。进池海水经过筛绢过滤,阻止大型敌害生物入池。随时将繁生的浒苔、水云等捞出以免过度蔓生而对苗种造成危害。

4.2.3 贝类的土池育苗

土池人工育苗是我国南方沿海被广泛推广应用的一种苗种培育方式,该培育方式不需要另建育苗室等培育设施,育苗方法简单,易于掌握,是一种易于普及推广的大众化育苗生产方式。土池人工育苗可有效利用空闲的养殖用土池,通过在池水中施肥来培养单细胞藻类饵料、投放亲贝等措施培育贝苗,弥补部分埋栖型贝类天然苗的不足,因而具有非常好的推广应用前景。

土池人工育苗具有以下特点:

第一,土池人工育苗可利用暂时闲置的养殖池,在室外自然条件下进行苗种培育,培育设施面积大、方法简单、育苗成本低。由于苗种是在自然环境条件下培育的,因此培育出的苗种大都比室内人工苗更健壮,适应能力更强,用于增养殖成活率更高。

第二,土池人工育苗更适于部分埋栖型贝类,如蛤仔、青蛤、缢蛏、泥蚶等的苗种培育,可弥补这些贝类目前室内人工育苗技术的不足。

第三,土池的面积大,培育条件可控性差,敌害生物的清除也有一定难度,尚有许多技术与管理问题有待于进一步探讨。

第四,土池人工育苗由于水温无法人工调控,因而大都在我国南方沿海推广应用,北部沿海因受气候的限制,适温时间短,低温期长,进行土池人工育苗必须选择好育苗品种及培育时机。

4.2.3.1 场地的选择

育苗土池的场地选择,必须综合考虑当地的气候、潮汐、海水水质、饵料生物,敌害生物以及道路交通、安全保障等。土池底质以泥或泥沙质为宜,面积最好在 0.6 hm² 以上,池深 1.5 m 左右,蓄水水位可控制在 1 m 以上。池堤牢固,不渗漏,有独立的进排水系统。

4.2.3.2 池塘整理

1. 池底整理

土池在用于育苗前池底必须进行清淤、添沙、翻松、耙平等清理工作,以便为贝类浮游幼虫的附着下潜创造适宜的底质环境。

2. 清池消毒

在育苗前 10 d 左右要进行清池消毒,以杀灭土池及其底层中的有害生物和致病微生物等。清池消毒最常用的为生石灰、漂白粉、茶籽饼、鱼藤精等。常用量为:生石灰 $150\sim250$ g/m^2,漂白粉 200 mg/m^2(含有效氯 $20\%\sim30\%$),茶籽饼 35 g/m^2,鱼藤精 3.5 g/m^2。

3. 浸泡清洗

清池消毒后要进水洗池 3 遍,以彻底清除药物的残毒。每次的浸泡时间不得少于 24 h,浸泡后池中的水必须排干,然后才能注入新水再次浸泡。

为防止其他动物的卵、浮游幼虫、海藻孢子等随海水一起进入池内,带进新的有害生物,进水口要用 100 目的尼龙筛绢网进行过滤。

4.2.3.3　饵料供应

土池人工育苗,贝类幼体所需要的饵料主要依靠池水中自然繁殖的浮游生物来提供,因而在育苗前必须在池水中培养足够的饵料生物;目前大多都通过施肥法来促进浮游性单细胞藻大量繁殖。

1. 肥料种类

土池人工育苗常用的肥料有尿素、过磷酸钙、三氯化铁等,同时可适量添加有机肥(如发酵的人尿等),以补充部分微量营养成分,更好地保持肥效。有机肥施用前必须经过发酵等处理,以免带入有害生物和微生物。

2. 施肥量

一般可按氮∶磷∶铁=1∶0.1∶0.01、氮的施用量为 $10\sim50$ g/m^3 推算施肥量。

3. 施肥方法

一般在施肥 $3\sim4$ d 后,浮游生物即可开始大量繁殖。为了更好地控制土池中饵料生物的数量、质量及密度,施肥宜采取少施勤施的方式。

4.2.3.4　亲贝的投放与催产

1. 亲贝选择

由自然海区选择健康、成熟良好的 $2\sim3$ 龄个体作亲贝,或者将池塘混养的 2 龄贝通过肥水等措施促进其性腺发育,也可获得质量较好的亲贝。

2. 亲贝数量

根据育苗贝类品种的不同,每公顷育苗水面亲贝的投放量可控制在 200~

400 kg。

3. 采卵

亲贝可撒播在进水闸门附近,利用大潮汛期进水的流水刺激和温差刺激,可以达到自然排放的目的。亲贝也可以先阴干 8 h 时,然后再撒播靠近进水闸门的滩面上,利用进水的流水刺激和温差刺激达到自然排放的目的。

若利用原池内养殖并经过促熟的成贝作亲贝,可先将其捕捞集中至进水闸门附近,再利用上述刺激方法使其自然排放。

土池育苗的贝类一般都属多次产卵型,当首批浮游幼虫下沉附着后,可以根据亲贝的性腺发育状况进行第 2 次催产。第 2 次催产一般可采取傍晚排干塘水、翌日清晨再进水的方法,使亲贝再次排放。

有时也可在室内用人工方法获得受精卵,并进行孵化。当幼虫发育到担轮幼虫或 D 形幼虫期时,再移入土池中让其自然生长发育。采用本方法时不可将受精卵直接投放至土池内,以免受精卵沉于池底的浮泥中,影响孵化,甚至可造成受精卵窒息死亡。

4.2.3.5　幼体期的管理

土池育苗一般不需要进行投饵,贝类的浮游幼虫依靠摄食池内自然繁育的浮游生物,自由生长发育为稚贝。本阶段的管理工作要点有以下几点。

1. 前期培育池水只进不排

确保饵料生物和幼体不流失,保持池水理化因子的稳定和幼体饵料的供应。也可在育苗初期投放 20～40 mg/L 的光合细菌作为补充饵料。

2. 定期施肥

定期施肥,加速池内饵料藻类繁殖。

3. 幼虫附着后,大排大进

幼虫附着后,池水可进行大排大进,以带入更多的饵料生物。

4. 及时清除池中的浒苔等杂藻类

进水时要严格管理好过滤网,严防敌害生物进入池内,一旦发现要及时清除。

5. 培育期间应加强巡塘

防止闸门、堤坝出现漏水现象。

6. 每天定时观测

观测水温,采水样,计数幼虫数量,测量个体大小和观察胃肠饱满度。

4.2.3.6　稚贝采收

1. 稚贝规格

为了提高稚贝的育成率,当稚贝壳长达到 1.5 mm 以上时才可进行刮苗移养。

2. 移苗时间

刮苗移养的时间宜在早上或傍晚进行。池水排完后进行刮苗。刮苗后还要洗净苗,将稚贝与杂质分开,再移养于暂养池内进行中间育成。

4.2.4　采捕野生贝苗

采捕野生贝苗与工厂化人工育苗和土池育苗一样,也是一种常见的贝类苗种生产方式。其区别在于,后两种苗种生产方式大多是预先建造一定的苗种培育设施。采用人工或半人工方法培育苗种,亲贝可用自然成熟的,但更多还是用人工促熟培育的,繁育的幼体是在人为创造的优良环境中生长发育的。而采捕野生苗则是通过在自然海区人工投放适宜附着基,采集自然海区天然贝繁殖的浮游幼体,并继续培育成可用于增养殖规格的苗种;或者在条件优良的天然附苗场直接采收自然附着形成的贝苗。采捕野生贝苗与人工育苗和土池育苗的另一个不同点是,本方法所采集的浮游幼虫和贝苗全部都是野生的,而不是人工培育的。采捕野生苗种可避免人工育苗可能带来的苗种适应能力差、抵抗力弱、近亲繁育等弊病,而且苗种是在海区的自然环境中长大的,生命力强,养殖成活率高,生产成本也低;缺点是受气候及海况条件影响较大,采苗稳定性差。

海区采苗是依据双壳贝类幼体发育特点而实施的。双壳贝在成体阶段无论是营固着型生活,还是营附着型生活或埋栖型生活,其共同特点是在幼体发育阶段都要经历浮游幼虫期和一个用足丝附着或固着生活的稚贝期。贝类生活史中有一个附着变态的生活阶段是十分必要的,因为在其浮游阶段,特别是浮游阶段的后期需要为未来寻找一个环境适宜的栖息地,一旦遇到条件合适的场所就必须立即附着,然后再变态并栖息。如果不在条件适宜的场所分泌足丝附着,很可能因找不到合适的附着基质而夭折死亡。人们就是利用双壳类的这一特性,人为地为其创造适宜的附着条件,采集其自然繁殖的浮游幼体,经过继续培养后为养殖生产提供廉价的贝苗。

采捕野生贝苗通常有三种方式,一是在贝类的自然繁殖季节,在海区选择浮游幼体密集分布的水层,投放采苗器采集贝类的浮游幼虫,常称为海区采苗;

二是通过在海边修建采苗池塘或者在潮间带放置采苗器来采集贝类的浮游幼虫,常称为池塘采苗或潮间带采苗;三是在自然繁殖期过后,选自然苗多的海滩直接采收稚贝。潮间带采苗多用于菲律宾蛤仔、文蛤、泥蚶、缢蛏等埋栖型贝类幼体的采集,牡蛎也可用条石、竹竿、水泥板或水泥桩等在潮间带进行采苗。

4.2.4.1　场地选择和准备工作

采苗海区要求风浪小,潮流畅通,有一定的回旋流,以利于浮游幼虫的集中;附近海域有一定的亲贝资源,可提供足够的浮游幼虫,底质为较疏松的泥沙,利于幼虫的附着与潜入。滩面平缓,低潮时干露时间较短,以免高温期因长时间曝晒而导致幼体死亡。

4.2.4.2　池塘式采苗

潮间带池塘采苗大多在潮间带中上区进行,适用于杂色蛤仔、文蛤、泥蚶、缢蛏等埋栖型贝类天然幼体的采集。

1. 采苗池的修建

选择底质适宜的潮间带中高潮区海涂,修筑成形似畦田的多个采苗池(苗埕)。先将上层的底泥翻耙至四周,堆成堤埂,埂底宽 1.5～2 m,埂高约 70 cm,多风浪的海区堤埂应适当加宽加高。池底再翻耕约 20 cm 深,耙平,使底质松软平整,以便于贝类浮游动体的附着与潜沙。如果底质中含沙量较少,还应在底面上铺撒一层沙,可为幼体提供更多的附着基质,增加附苗率。

每个采苗池面积约 100 m²。两排池之间修一条宽 1 m 左右的进、排水沟,沟端伸向潮下带,以确保涨落潮时水流畅通。

2. 采苗方法

在自然海区的贝类繁殖季节,根据海区浮游幼虫的调查结果,即进水采苗。为提高附苗密度,还可以放水并再次进水采苗。贝苗附着并下潜后,应用耙在底面轻耙 2～3 次,以破坏老化层,为稚贝创造更好的生活环境。

4.3　贝类的遗传育种

4.3.1　贝类育种的基础研究

4.3.1.1　贝类的染色体

染色体是生物的遗传物质载体,各种生物的染色体都有特定的数目和形态特征,因此,染色体的核型与带型作为细胞学标记,已成为育种学最重要的基础之一,是进行杂交育种、多倍体育种等的理论基础。

核型是指染色体组在有丝分裂中期的表型,包括染色体的数目、大小和形态特征等,也称为染色体组型。带型是指采用特殊的染色方法,使染色体产生明暗相间的色带,作为染色体形态特征的界标,界标将染色体分为若干个区,每个区中都含有一定数量、顺序、大小和染色深浅不同的带,这就构成了每条染色体的带型,也称为染色体显带。核型分析有助于阐明物种的亲缘关系、系统分类、群体遗传结构等;带型分析可以明确鉴别一个核型中的任何一条染色体或某个易位片段,探讨物种的该型进化关系及可能的进化机制,还可用于基因定位,带型分析与荧光原位杂交技术结合,可以提高基因定位的难确性。

4.3.1.2 贝类染色体的制备方法

制备贝类染色体的材料,可采用繁殖期的精巢、卵裂或囊胚阶段的早期胚胎、孵化的担轮幼虫及成贝的鳃组织或外套膜、触手等,这些细胞具有分裂旺盛、容易观察到分裂相的优点,其中尤以早期胚胎和担轮幼虫的分裂相更为理想。但利用生殖腺、胚胎、幼虫制备染色体,要受到繁殖季节的制约;利用鳃或外套膜等组织则无季节限制,但分裂相相对较少。

制片方法采用秋水仙素活体预处理—低渗—滴片—空气干燥—染色,或染色—压片法,均可观察到清晰的分裂相。采用恒温电热干燥法,滴片时染色体易分散,便于观察。植物血细胞凝集素是从红菜豆等豆类植物中提取的一种糖蛋白,具有刺激细胞有丝分裂的作用,是脊椎动物常用的一种有丝分裂原。用贝类鳃组织等制备染色体时,预先用 PHA 注射或浸泡活体,可有效地增加细胞的分裂相。

4.3.1.3 贝类的核型

1. 染色体数目

据不完全统计,在我国已研究过的海洋经济贝类染色体中,染色体数目最少的是牡蛎科,$2n=20$;最多的是香螺,$2n=60$。从染色体数目可以看出,同科的种类,染色体数目相同的居多,如玉螺科、蚶科、贻贝科、珍珠贝科、牡蛎科、蛤蜊科和竹蛏科等。这在一定程度上反映了近缘种之间染色体特征的相似性,也说明贝类演化过程中染色体数目变化的保守性。

但在蛾螺科、扇贝科和帘蛤科,不同属或种之间的染色体数目存在较大差异。

2. 核型多态现象

在一些近缘种贝类之间,普遍存在染色体数目相同、但核型不同的现象(表 4-1),这可能与染色体演化过程中的结构重排有关,如玉螺科均为 $2n=34$,但染色体臂数为 64 或 66,可能有一对染色体结构重排。同一种贝类的核型差异,可能与研究者采用的试验方法不同等原因有关。

表 4-1 部分贝类的染色体组型

分类地位及种名	$2n$	核　　　型	NF
泥蚶	38	28 m+10 sm	76
文蛤	38	18 m+20 sm	76
	38	18 m+14 sm+6 t	70
菲律宾蛤仔	38	28 m+10 sm	76
青蛤	36	18 m+2 sm+22 t	50
四角蛤蜊	38	14 m+14 sm+10 st/t	66
西施舌	38	14 m+16 sm+8 st	68
缢蛏	38	26 m+8 sm+2 st+2 t	72

3. 关于性染色体和非整倍体

迄今为止,国内已报道过的贝类染色体中,均未发现异形的性染色体。贝类染色体属于较原始的类型,即使存在性染色体分化的种类,其性染色体与常染色体之间的差异也很细微,需借助高分辨率显带方法观察;没有性染色体分化的种类,其性别决定机制很可能不在染色体水平上。

4.3.1.4 贝类染色体的带型

染色体显带技术已在脊椎动物中得到广泛应用,但贝类染色体显带技术较之哺乳类和鱼类还相当薄弱,国内外有关贝类带型的报道较少,仅有贻贝的 G 带、C 带、Ag-NOR 带,缢蛏的 C 带、Ag-NOR 带,以及太平洋牡蛎的 G 带和 Ag-NOR 带等。

用胰酶法显示 G 带,在贻贝和太平洋牡蛎中都获得了清晰、稳定的带纹,说明脊椎动物的 G 带显带法也适用于软体动物。

C 带主要显示着丝粒结构异染色质和其他染色体区段的异染色质部分。脊椎动物染色体的 C 带通常是异染色质位于着丝粒区(着丝粒带),但贝类的 C 带与脊椎动物不同。研究显示,贻贝的 C 带位于第 3 和第 5 对染色体长臂的末

端;缢蛏共有 7 对染色体具有异染色质,而且异染色质均位于染色体臂的末端,
个别分裂相的异染色质位于染色体臂中间(居间带)。未发现着丝粒带。对 3
种贻贝 C 带的观察结果也表明,3 种贝类都只有少量异染色质,表现为端带和
居间带,着丝粒带非常少见。

Ag‑NOR 带的重要特征是数目和形态的多态性,通过银染法观察到的核
仁组织区(NOR)是具有转录活性的核糖体 RNA 基因(rDNA)簇,它通常分布
在不同的染色体上。研究显示,贻贝的染色体上有 4 个 NOR,缢蛏的 2 个 NOR
位于一对中部着丝粒染色体上,而太平洋牡蛎的染色体上有 2 个 NOR。NOR
的数目、位置和大小不仅是染色体的一个重要形态标志,还可以作为育种的遗
传标记。

4.3.2　贝类的选择育种

4.3.2.1　选择育种的基本原理

选择育种是利用生物所具有的遗传变异特性,对自然界生物原始材料或品
种群体进行有目的的反复选优除劣,选择对人类有益的、可遗传的变异,分离出
若干有差异的系统,并从这些系统中选择表现优良而稳定的经济性状,形成新
的品种。生物的基因型提供了性状表现的潜在可能,再通过环境作用才能最终
发展成为表现型,正是这种变异为选择育种提供了依据。一般来讲,人工选择
是在自然选择的基础上进行的,由于人工选择控制了交配对象和交配范围,所
以选择效果比自然选择快得多。人工选择可以使人们主动、及时地发现和选择
有益的变异,从而在较短的时间内培育出新品种。

选择育种既是一种基本的育种方法,也是育种实践中的一个重要环节。即
使进行杂交育种或其他生物技术育种,对它们的后代同样要进行系统选择,以
达到提高和稳定主要经济性状的目的。

选择育种的改良效果即遗传改进量(Δgt)的大小取决于性状的选择效应
(R)和育种的世代间隔(GI),即

$$\Delta gt = R/GI \qquad\qquad (4-1)$$

式中,$R = S \cdot h^2$,S 为性状选择差,h^2 为性状的遗传力。

性状选择差(S)的大小又取决于群体表型标准差(rp)和选择强度(i),即

$S=I \cdot \text{rp}$。

可见,世代间隔(GI)越短、性状选择差(S)越大(或群体表型标准差 rp 和选择强度 i 越大)、遗传力(h^2)越高,遗传改进量(Δgt)就越大,育种效果越好。

选择育种的原理清楚地表明,起始的变异在物种中的表现必须是正态的,有效的变异必须是可度量和可检测的。能够实现的改良程度取决于选择的多个环节,如性状自身的遗传力、各性状间的表型相关和遗传相关、环境与生理的互作等。

4.3.2.2 选择育种的一般方法

1. 家系选择

以整个家系为一个选择单位,只根据家系均值的大小决定家系的选留,选中的家系全部个体都可以留种,未选中的家系个体不作种用。家系是指全同胞或半同胞家系。家系选择适用于遗传力低的性状,在相同留种率的情况下,这种选择方法所需选留群体的规模,要比个体选择大。选择的目的是使中选亲本的子代性状平均值与挑选以前亲代性状表型平均值之间产生差值,这个差值就是选择效应。

2. 后裔鉴定

后裔鉴定又称亲本选择,是根据后代的质量而对其亲本做出取舍评价的个体选择方法。后裔鉴定最大的优点是能够决定一个显性表型个体是纯合体还是杂合体,从而可以达到选择显性表型纯合体、淘汰杂合体的目的。由于它对质量和数量性状的选择较为有效,在育种实践中得到广泛的应用。

3. 混合选择

混合选择又称集体选择,是从一个原有品种的群体中,按照育种目标选出多数表型优良的个体,通过自由交配繁殖后代,并以原有品种和本地主要品种作为对照,进行比较鉴定。

混合选择一般用于良种繁育,特别是当品种纯度不高时,采用此法易获得显著效果;此外,它能迅速从混合型群体中分离出较为理想的类型,又可获得大量后代用于生产。混合选择的效果取决于所选择性状的遗传力及控制该性状的基因,当所选择的性状是由一对或几对基因控制,且遗传力较高时,选择是有效的;当所选择的性状是由许多对微效基因所控制的数量性状,且遗传力较低时,则选择效果较差。

4. 综合选择

可连续地进行一个世代间的家系选择、混合选择和后裔鉴定。其方法是首先建立几个家系,进行异质型、非亲缘的亲本间的交配,然后在几个较好的家系中进行选择,最后根据后代检验亲本。综合选择的效应等于所利用的各种选择效应的总和。

4.3.2.3　分子标记辅助选择育种技术

传统的选择育种通常是根据个体的表型差异进行选择,当差异性状的遗传基础简单或表现为加性基因效应时,根据表型的选择是很有效的;但因环境因素或基因的非加性效应造成的差异,根据表型的选择则是无效的。利用分子标记辅助选择育种技术,对目的性状进行标记定位,通过分析与目标基因紧密连锁的标记基因型来判断选择个体中目标基因是否存在,可以增加选择的准确性。

MAS 技术是近年迅速发展起来的一项新的育种技术,为育种改良提供了有力的手段。目前用于 MAS 的遗传标记主要有 RFLP、RAPD、AFLP、SSR 等。应用分子标记进行辅助选择在农作物和畜牧业的种质改良中,已被证明是一种高效可靠的选择育种手段,与常规选择育种相结合,可缩短育种周期。因此,近年来在贝类育种中,也开展了一些与相关的分子标记研究,相信在不久的将来,MAS 技术也将应用于贝类育种中。总之,将传统的选择育种方法与现代生物技术结合,将促进贝类品种的遗传改良和贝类养殖的健康发展。

4.3.3　杂交育种

4.3.3.1　杂交育种的基本原理与方法

用杂交的方法培育优良品种或利用杂种优势称为杂交育种。杂交可以使生物的遗传物质从一个群体(物种、亚种、品种或种群)转移到另一个群体,是增加生物变异性的重要方法。杂交并不产生新基因,而是利用现有生物种质资源的基因和性状重新组合,将分散于不同群体的基因组合在一起,建立合意的基因型和表型。因此,杂交育种从根本上说是运用遗传的分离规律、自由组合规律和连锁互换规律来重建生物的遗传性,创造理想变异体。

杂交可以依据双方的亲缘关系分为种间杂交和种内杂交。种间杂交包括了科间、亚科间和属间杂交。种内杂交又可分为近亲交配和非亲缘交配。近亲繁殖能导致后代纯合性增加,提高遗传稳定性;但也能使某些有害隐性基因从杂合状态转变为纯合状态而产生近交衰退。通常所说的杂交是指种间杂交、种内不同居群的杂交,不同品种或品系的杂交,以及一切非近亲关系的交配。

杂交育种的积极因素是多方面的,可以增加变异性、增加异质性、综合双亲的优良性状,产生某些双亲所没有的新性状、出现可利用的杂种优势等。杂交的这些积极作用并非任何杂交组合都具有,更不能苛求某一特定的杂交组合同时具有所有的优良特性。一般来说,杂交难以表现出全新的性状,但有可能出现部分新性状,有的还能综合双亲的优良性状,部分或全部地表现出来,以致表现为介于双亲之间的中间性状或杂种优势。

常用的杂交组合通常有本地品种与推广品种杂交、家化品种与野生种杂交、本地野生种与外来品种杂交、不同品系相互杂交、种间杂交等。根据育种目的和杂交方式,杂交育种可分为以下几种方法。

1. 增殖杂交育种

增殖杂交育种指经由一次杂交,从杂种子代优良个体的累代自群交配后代中选育新品种。这种育种方法可以表示为:$A \times B \rightarrow F_1 \rightarrow F_2 \rightarrow F_3 \rightarrow F_n$(形成新品种)。增殖杂交育种实际上只采用一次杂交,然后利用杂种子1代繁殖和培育新品种,这种只涉及一次杂交和两个群体的交配也称为单交,其后代称为单交种。当两个群体杂交所产生的后代能综合双亲的有益性状并能作为下一代(F_2)的亲本时,才可以采用这种育种方法。

2. 回交育种

利用杂交子代与亲本之一相互交配,以加强杂种世代某一亲本性状的育种方法,称为回交育种。如果育种目的是试图把某一群体(或种、品种)B的一个或几个经济性状引入到另一群体A中去,那么,采用回交育种是适宜的。

3. 复合杂交育种

将3个或3个以上品种或群体的优良性状,通过杂交综合在一起,产生杂种优势或培育新品种的育种方法,称为复合杂交育种。

4.3.3.2 杂交育种的步骤

杂交育种一般分为杂交创新、自繁定型和扩群提高三个阶段。

1. 杂交创新阶段

这个阶段的任务是用2个或2个以上种群(或物种)杂交创造合意的变异

体或杂种优势子 1 代,因此,杂交亲本的选择必须有助于合意性状的产生。选择亲本一般考虑以下原则,一是性状互补,即亲本双方在性状方面所表现出来的优缺点能够相互补充,以便杂种后代按自由组合规律进行重组。产生优良杂种。二是双亲的生物学差异比较显著,尤其是地理分布、生态类型和主要性状存在明显不同,以求杂种后代的变异幅度广泛,可供选择。三是品种或种群要尽可能纯正,以获得更大的杂种优势;亲本不纯,杂种也难以综合双亲的优点。四是双亲或亲本的一方要适合本地养殖,以获得适应当地自然条件的杂种。除此之外,还要注意亲本的性腺发育、年龄、体重和体质等问题。

2. 自繁定型阶段

本阶段的任务是将杂交创新阶段所选出的合意个体自群交配,以求在育种性状方面获得基因型纯正的优良后代,使优良性状得以固定并稳定遗传。因此,近交加选择是本阶段的两大环节。这一阶段应停止对理想杂种的杂交,以便使杂种的遗传基础免受其他类群或原亲本类群的干扰和混杂。进行适当的自群繁育,以便使优良性状的基因有较多的纯合机会,有利于固定优良性状并使之稳定地遗传下去。但自群繁育要严格选择亲本,淘汰不合意个体;对于已达到育种目标,但表型值不很高的个体不要轻易抛弃,以免将基因型纯合的个体淘汰掉。

3. 扩群提高阶段

杂交育种的第三阶段是大量繁殖已固定的优良个体,增加数量、提高质量或新品种的程度。为了使前段已定型的遗传性状得以保持,应以自繁交配为主,但为了避免近交衰退,还应进一步做好选种和培育等工作,以综合优良性状,建立新品系。

4.3.3.3　贝类杂交育种中存在的问题及前景展望

优良品种是贝类养殖业健康和持续发展的关键所在。通过杂交育种已取得了一些成果,例如,一些杂交种或品系在生产上表现出生长快、存活率高等优点,并已具备了一定的商业价值。与远缘杂交相比,种内杂交不存在配子亲和、发育障碍和育性等问题,可操作性强,容易推广,对产业的利用价值远大于远缘杂交,因此,种内杂交是目前杂种优势利用的主要途径。

传统的杂交育种往往需要经过多次自交或回交,并结合选择育种,才能获得具有稳定优良性状的新品系或新品种,因而育种周期长、工作量大。运用分子标记辅助育种技术,可以预测杂种优势,分析杂种后代的性状分离,从而有可能缩短育种周期,提高杂交育种的效率。在农作物育种方面,应用分子标记辅助育种技术已有很多成功的例证。近几年,该项技术也逐渐应用于水产动物杂交育种,贝类育种在这方面虽然刚刚起步,但随着现代生物技术的应用和普及,将大大加快贝类育种的进程。

4.3.4 贝类的多倍体育种

多倍体育种就是通过染色体组工程增加生物的染色体组,改变生物的遗传基础,从而培育出优良品种。多倍体是指细胞中含有 3 个或 3 个以上染色体组的个体。因为奇数染色体组将导致减数分裂的瓦解及性腺发育的衰退或非整倍体配子的产生,所以从理论上讲,三倍体的个体是不育的。在不育的动物个体中,通常用于性腺发育的能量可用于生长,从而起到促进个体生长、改善肉质、提高成活率等作用,因此,多倍体育种有着重要的意义。

近年来,贝类的多倍体育种研究取得了很大的进展,据不完全统计,已有 30 多种经济贝类进行了人工诱导多倍体的研究。已有的研究表明,许多人工诱导的三倍体贝类具有不育、个体大、生长快、肉质好等优良性状,显示了多倍体育种在贝类养殖上的应用前景。

4.3.4.1 人工诱导多倍体的原理与方法

1. 三倍体

大多数贝类是在第一次减数分裂中期排放卵子,受精后放出第一、第二极体,因此,通过人为处理,阻止其第一极体或第二极体放出,就可以形成第一极体阻止型三倍体($3n$—1pb)或第二极体阻止型三倍体($3n$—2pb)。为了达到目的,通常采用物理或化学的方法诱导三倍体。

(1)物理法:物理法就是通过施加物理因子处理,影响和干预细胞的正常分裂,达到染色体加倍的目的。常用的物理法有温度休克(包括热休克和冷休克)法和静水压处理法等。

温度休克法的作用机制是通过温度的变化引起细胞内微管的解聚或阻止微管的聚合过程,并使装配纺锤体所需的 ATP 的供应受阻,使染色体丧失移动的动力,从而抑制染色体向两极移动,形成多倍体。其具体做法是在贝类卵子受精之后、放出第一或第二极体之前,将受精卵置于低温或高温海水中进行短时间的处理。此外,静水压、电脉冲处理受精卵也可诱导贝类形成多倍体。

（2）化学法:常用的化学药物有 6 - 二甲基氨基嘌呤、细胞松弛素、咖啡因、秋水仙素等。微管蛋白二聚体结合后,对微管的正常组装产生了抑制作用,使纺锤体断裂,导致染色体的分离受阻,从而产生三倍体。

细胞松弛素(CB)是一种微丝特异性药物,它是真菌的一种代谢产物,可以切断微丝,并结合在微丝末端抑制肌动蛋白聚合,阻止收缩环的形成,从而影响细胞质分裂,抑制极体的放出。但由于 CB 具有致癌作用,现已不再作为多倍体的诱导剂,无论采用物理法还是化学法诱导三倍体,处理强度(水温高低、压力大小或药物浓度等)、开始处理时间及处理持续时间是决定诱导成败的 3 个重要因素,三者对诱导率和胚胎田化率、后期成活率都有很大影响。一般在处理强度、开始处理时间相同的情况下,随着处理持续时间的延长,诱导率提高,但胚胎正常率和成活率却呈现下降的趋势。

（3）生物法:在上述物理法或化学法诱导过程中,由于受精过程和受精卵发育的非同步性、染色体的不规则分离、人为操作等因素的影响,在产生三倍体的同时也产生其他多倍体或非整倍体,因而人工诱导往往难以获得百分之百的三倍体。通过人工诱导四倍体,培育出可育的四倍体个体,使之与自然二倍体杂交,可以产生百分之百不育的三倍体,从而实现大量、稳定连续池育种,这就是利用生物方法获得三倍体。

2. 四倍体

与诱导三倍体相比,人工诱导四倍体的技术难度更大。因为诱导贝类三倍体是通过阻止第一或第二极体的释放增加一个染色体组,而诱导贝类四倍体是通过阻止极体的释放或抑制第一次有丝分裂等手段来增加两个染色体组,这是一个更为复杂的动态过程,因此其操作机制与诱导技术也要比诱导三倍体更为复杂。目前,美国已在太平洋牡蛎成功地获得了可存活的四倍体,并与二倍体杂交生产出了三倍体。

4.3.4.2　多倍体的倍性检测

1. 染色体计数法

这种方法适合早期确定三倍体的诱导率。取早期胚胎或刚孵化的担轮幼虫,用 0.1% 秋水仙素处理,再经 0.075 mol/L 的低渗作用,然后用 Carnoy 液充分固定;将固定后的样品滴入试管中轻轻搅动,制成细胞悬液;细胞悬液经滴片—空气干燥法制备染色体玻片标本,再用20%的 Giemsa 液染色,就可用于染色体的观察计数。

染色体计数法是判别倍性的一种准确而直接的方法,它可以直接观察确定多倍体、嵌合体、非整倍体的有无及其构成比例,但制样烦琐、工作量大、较费时。

2. 流式细胞术(flow cytometry,FCM)测定 DNA 相对含量

流式细胞仪可以定量测定某一细胞群中的 DNA 含量。将待测幼虫或成贝组织制备成单细胞悬液,再用一种可以与 DNA 特异结合的荧光染色剂 DAPI 对细胞核进行染色,经染色的细胞悬液通过流式细胞仪时,由于荧光强度与细胞核中的 DNA 含量成正比,检刮器便可根据荧光强度将 DNA 含量不同的细胞分离开来,经光电信号转换系统转换为数据,从而测出细胞群的 DNA 相对含量。

流式细胞术检测倍性具有快速、准确、灵敏度和分辨率较高,数据的可重复性好等优点,因为取样量少,还可对待测贝类个体进行活体无损伤取样(切取小块足肌、触手或抽取血液等),这对于倍性检测后继续观察研究多倍体的生物学特性是极为有利的。

4.3.4.3 多倍体贝类的生物学特性与生产性状

1. 三倍体的性腺发育

从理论上讲,三倍体贝类预期是不育的。但迄今为止的研究结果显示,人工诱导的三倍体贝类的性腺发育大致有 3 种类型。第一种类型是三倍体的性腺成熟被完全抑制,如海湾扇贝和华贵栉孔扇贝。第二种类型是三倍体的性腺发育虽然受到了一定程度的抑制,但在产卵期仍有不同程度的发育,而且随种类不同其成熟程度也有很大差异,有些能产生成熟的精子和卵母细胞。研究已经证实了长牡蛎、美洲牡蛎、珠母贝能形成精子和成熟的卵母细胞;杂色鲍能产生成熟的卵母细胞,但未形成精子。对繁殖期三倍体与二倍体皱纹盘鲍的生殖腺进行组织学观察表明,三倍体雄鲍的生殖腺中有极少数成熟精子,而且比三倍体雌呈现出较好的性腺发育状况,三倍体雌鲍的性腺发育虽然受到了很大抑制,但仍有形成卵母细胞的能力。值得注意的是第三种类型,有些三倍体贝类产生的精、卵能正常受精并发育。例如,三倍体珠母贝产生的精子、卵能够与二倍体交配或三倍体自交,但发育到 D 形幼虫就大量死亡。

2. 三倍体的生长

对美洲牡蛎、华贵栉孔扇贝、合浦珠母贝、长牡蛎等的研究结果显示,人工诱导的三倍体贝类在正常二倍体性腺未成熟前的生长情况,与二倍体大致相同或比二倍体略差;但在二倍体产卵期间,三倍体的生长也不停滞,产卵期之后的生长明显优于二倍体。这表明三倍体生长速度快主要是由于其性腺发育受到了一定程度的抑制,体内积累的能量转移到体细胞生长的缘故。养殖 100 多天的三倍体海湾扇贝,三倍体的闭壳肌质量和软体部质量分别比二倍体大 73% 和 36%,虽然壳高和壳长的增长与二倍体大致相同,但与闭壳肌大小有关的壳宽的增长较之二倍体有明显的优势。有意义的是,利用人工诱导的三倍体珠母贝培育的珍珠,其珍珠层的厚度和品质比二倍体的好。

多倍体育种中,如何提高贝类三倍体的生产率,降低卵子和胚胎的死亡率,探索适合大规模生产三倍体的高效诱导工艺等许多问题仍值得深入探讨。

4.3.5　其他育种方法

4.3.5.1　雌核发育育种

雌核发育是指用遗传失活的精子激活卵,精子不参与合子核的形成,卵仅靠雌核发育成胚胎的现象。这样的胚胎是单倍体,没有存活能力。通过抑制极体放出或卵裂使其恢复二倍性后,便成为具有存活能力的雌核发育二倍体。由于传统的选择育种需要多代的选育,耗时长,雌核发育二倍体人工诱导作为快速建立高纯合度品系、克隆的有效手段,近年来受到了各国学者的极大关注。通过该方法,日本、美国的科学家已成功地培育出香鱼、牙鲆、真鲷、鲤、罗非鱼、鲇等经济鱼类的克隆品系,为养殖新品种的开发及性决定机制、单性生殖等基础生物学研究提供了极为宝贵的素材。

1. 精子的遗传失活

精子的遗传失活,最初是采用 γ 射线和 X 射线的辐射处理。由于放射线的使用存在安全性和实用性上的问题,目前多采用紫外线杀菌灯照射进行精子的遗传失活处理,其作用机制主要是:精子 DNA 经紫外线照射后形成胸腺嘧啶二聚体,使 DNA 双螺旋的两链间的氢键减弱,从而使 DNA 结构局部变形,阻碍 DNA 的正常复制和转录。由于紫外线穿透能力弱,进行精子紫外线照射时需要采取措施以确保照射均匀。通常把适当稀释后的精液放入经过亲水化处理的容器(培养皿等),边振荡边进行照射。照射时如维持低温,可以防止温度上升,延长精子活力的保持时间。

2. 雌核发育二倍体的诱导

雌核发育单倍体通常呈现为形态畸形,没有生存能力。要恢复生存性,需要采用与三倍体、四倍体诱导相同的原理,在减数分裂或卵裂过程中进行二倍体化处理。与鱼类不同,贝类排出的成熟卵子一般停留在第1次减数分裂的前期或中期,因此,贝类雌核发育二倍体的人工诱导可以通过抑制第一极体、第二极体或第1次卵裂3种方法获得。由于第一极体和第二极体的抑制分别阻止了同源染色体和姐妹染色单体的分离,因此,一般来讲,雌核发育二倍体的纯合度以第1次卵裂抑制型为最高,其次是第二极体抑制型,第一极体抑制型为最低。但是,在第1次减数分裂前期非姐妹染色单体之间的交叉会导致基因重组,因而第一极体抑制型与第二极体抑制型雌核发育二倍体的纯合度的差异又受重组率的影响。

4.3.5.2 雄核发育

雄核发育是指卵子的遗传物质失活而只依靠精子DNA进行发育的特殊的有性生殖方式。人工雄核发育的诱导,是利用γ射线、X射线、紫外线和化学诱变剂使卵子遗传失活,而后通过抑制第一次卵裂使单倍体胚胎的染色体加倍发育成雄核二倍体个体。也可以通过双精子融合,或利用四倍体得到的二倍体精子与遗传失活卵结合的方法获得雄核发育二倍体。由于雄核发育后代的遗传物质完全来自父本,加倍后各基因位点均处于纯合状态,因而可以用于快速建立纯系,进行遗传分析。此外,雄核发育技术与精子冷藏技术相结合还可以成为物种保护的重要手段。

4.3.5.3 非整倍体育种

多倍体诱导的结果并非仅产生三倍体或四倍体等整倍体,也能产生非整倍体。非整倍体指核内染色体的数目不是染色体基数的整倍数,而是个别染色体数目的增减。非整倍体的生物个体常因细胞中基因剂量的不平衡而产生严重的后果,在高等动物(如哺乳动物)中,非整倍体通常是致死的或引起发育障碍,但在植物及低等动物中非整倍体的影响则较小,实际上很多种非整倍体是可以存活的。

非整倍体产生的最常见的原因是在精子或卵子发生期间或者减数分裂期

间"染色体不分离"现象。染色体不分离的结果导致三价体或单价体的形成。水域污染、辐射及化学诱变等都能导致染色体数目的改变,产生非整倍体。非整倍体的出现给遗传操作提供了难得的机遇,如三倍体($2n+1$)和单倍体($2n-1$)可以被用来确定重要的数量性状并定位所在的染色体,某些非整倍体可能还具有经济价值。目前对贝类非整倍体详细的研究由于其非整倍体的家系较难分离还未能全面地开展,这有待于今后深入的研究(王如才和王昭萍,2008)。

4.4　贝类滩涂养殖技术

滩涂养殖有埕田养殖、插竹养殖、桥式养殖、立石养殖和围网养殖几种形式,养殖品种主要有文蛤、缢蛏、牡蛎、菲律宾蛤仔等。

4.4.1　养成场的选择

一般选择风平浪静、潮流通畅的滩涂。滩面要平坦广阔、略有倾斜,大小潮水都能淹没和干露,虾池、潮沟等沙泥底质的地方均可作为养成场所。滩涂贝类养成场所的底质以沙泥质为主,沙的含量应在 60% 以上,当然沙的含量也应视不同的养殖种类而定。为确保种苗有一个良好的栖息环境,在播苗之前应将池塘滩面翻松,以利于种苗潜入地表。如有洼地应整平,防止夏季落潮水温升高引起苗种死亡。此外,苗种播放前应清除玉螺、蛇鳗、海鲇和蟹类等敌害生物(全国水产技术推广总站,2008)。

4.4.1.1　潮位

为便于管理,一般选择中潮区下部至低潮区中部作为养殖场地,这主要是基于三方面的考量:一是这一区域的潮流较为通畅,饵料生物丰富;二是采捕时间长,便于作业;三是夏秋季节退潮时露滩的时间适中。

4.4.1.2　底质

如文蛤,底质含沙量一般要在 70% 以上,尤以 80% 为最佳。滩涂应平坦、稳定、不板结。

4.4.1.3　盐度

不同贝类对盐度的适宜范围不同,文蛤对盐度有较为广泛的适应性,适宜盐度范围为 15~30。

4.4.2 苗种运输

由于贝类育苗或采苗地点可能与养成场地不一样,所以首先要进行苗种运输。对于贝类苗种运输,与其他水产类苗种相似,运输中应选择合适方式,以保证苗种成活率。不同的贝类种类,其苗种运输中注意的问题不尽相同。首先应根据运输距离、交通条件、运苗季节等的不同,选择汽车、汽船、木帆船等不同的运输工具。根据苗种的不同,选择合适的日期、天气情况进行运输。如在蛤苗运输时尽量选择无风天气,南风气温高,运输时间过长会造成苗种死亡。运输前,将苗种中泥沙等杂物洗净,避免长时间运输中对贝苗产生危害。在运输过程中,应该加蓬加盖,避免日晒雨淋等造成损失,保持空气流通,以免贝苗窒息死亡。苗种运到后,应及时放到适宜的环境中,减少贝苗损失。

用汽车或船运输,每袋装文蛤苗种 20 kg。文蛤苗种从采集到送至目的地,整个运输过程一般不要超过 36 h。在装袋和装卸车的过程中要轻拿轻放,防止文蛤苗种损伤。运输途中要遮盖好,避免风吹、日晒和雨淋。夏季运输中还要防止温度过高,气温高时可在运输工具中放置冰袋来降低温度,且冰要用塑料袋密封好,防止冰化成水后浇到文蛤苗种上而造成死亡。降温运输的苗种在投放前要在阴凉处放置数小时,使文蛤苗种逐渐适应较高的温度后再投放,也可相应提高投放的成活率(韩其增,2006)。

苗种运输到目的地后,先将苗种放置在海水中适应一下,使之适应本地的环境、温度、盐度等,再投放到滩涂上养殖。采取旱播法进行播苗,方法是,在满潮时,将文蛤苗种袋均匀地投放到滩面上,等退潮滩涂露出时再进行播苗,确保播苗均匀(张岩岩等,2009)。

4.4.3 日常养殖管理

4.4.3.1 日常巡滩

观测贝类的生长、移动、分布及文蛤的繁殖和附苗等情况。每日巡滩,台风季节发现文蛤堆积要及时疏散,避免堆积死亡,及时清除养殖滩面上的鱼类、蟹类、螺类等敌害生物,注意观察有无"浮头"现象及"红肉蛤",做好病害的防御工作。

4.4.3.2 防盗

为便于看护与管理,保障护养场地安全和航行安全,场地四周需设置明显标志,并配备必要的看护车、船进行昼夜值班管护,并配备手持 GPS、对讲机等设备。

4.4.3.3　越冬管理

若护养区内贝类当年达不到商品规格,需要进行越冬。北方沿海由于冬季结冰,所以在 10 月末至 11 月初,即可将防逃网和隔断绳全部撤下,待翌年 4 月末至 5 月中旬重新设置。越冬前,把潮间带护养区上部的贝类,向潮下带下部转移,避免冻伤和损伤。江苏以南区域不需撤下防逃网。

4.4.3.4　防逃

滩涂养殖文蛤具有迁移的习性,有些地方俗称"跑流",迁移的时间多发生在晚春和秋末。晚春的迁移是由潮下带向潮间带,秋末的迁移是由潮间带向潮下带。在退潮方向的离岸面设置防逃网,网目视苗种大小而定,以不跑苗为准一般用 3×3 聚乙烯网线编织高 1～1.2 m,网目 1.5～2.5 cm,长 10～20 m 的网片。上下网纲为直径 3～5 mm 的聚乙烯绳。用竹竿绑扎网片,桩间距 2～3 m,桩高 2.5～3 m,其中 1 m 左右插入沙中,再把网脚吊绳一端系在下纲,上端用聚乙烯绳绑扎,八字形埋于沙内,防止网片倒伏或受潮浪冲击后上浮,造成"吊脚"。埋于沙内的地锚可用草把或竹筒。

同时在护养区内设置隔断绳。隔断绳的作用是阻止文蛤在护养区内长距离移动,使之较为均匀地分布。隔断绳可使用 6 股聚乙烯绳,设置成纵横交错的大网状结构,纵向和横向平等间距为 5 m。隔断绳距滩涂表面高度为 3～5 cm。施工时,先将小木桩纵向和横向成直线插好,木桩露出滩面 25 cm。将隔断绳分别按纵向和横向拉紧拴在小木桩上。如遇到沟岗滩面不平时,应多加木桩,以确保隔断绳高度均匀一致。

4.4.5　滩涂养殖存在问题分析

4.4.5.1　滩涂养殖存在的问题

(1)滩涂底质老化:由于年复一年的不间断养殖,滩涂出现老化状态,使得滩涂生产能力大大降低。而贝类死亡后贝壳大量沉积,对滩涂造成严重的污染,滩涂超过了充分利用程度,呈超负荷状态,已造成一些滩涂荒芜,影响了贝类产量和质量。

(2)周边养殖废水对滩涂养殖的影响:虾池在养殖过程中,饵料的投放、残饵的分解、鱼虾排泄物的产生和分解等,都会使养殖水富含各种营养物质及有机与无机碎屑,会造成该区域的水质污染和富营养化。另外,鱼虾病害防治药物通常以抗生素为主,富含消毒剂和抗生素的虾池水大量排放,正常的微生物生态系统受到干扰或破坏,污染物质的分解速率受到影响,自净能力明显降低,导致水质的进一步恶化。

(3)夏季水温过高夏季陆地雨水携带泥沙流入,造成泥沙在滩涂上沉积,滩涂凹凸不平造成积水,再加上夏季高温,水温和滩面温度可达30℃以上,滩涂养殖贝类出现大面积死亡,不但造成了巨大的经济损失,而且污染了水域环境。

4.4.5.2　应对对策

掠夺性养殖,导致滩涂生产力下降而采取翻耕、整平、压沙等滩质改良措施及修复和调控技术,既提高了滩涂的通透性,又优化了滩涂养殖环境,使滩涂的生产能力得到恢复。

1. 采取田化蓄水养殖模式

在滩涂上筑成一条条与潮流垂直的垄埂,或沿潮流方向在滩涂上筑成一个个的方块式畦田,垄埂和畦田具有蓄水作用。这种养殖模式的优点是增加滩涂贝类的摄食生长时间,同时改善滩贝的生长环境,避免夏季高温时造成滩面温度过高导致滩涂贝类死亡。

2. 采取虾池暂养和滩涂养成相结合的养殖模式

春天可以将幼贝苗放在虾池里播养,因虾池内水质较好且饵料充足,再加上摄食时间长,贝苗生长速度快且体质健壮。秋天对虾收获后将已长成大规格的贝苗从虾池挖出,再播养到整理好的滩涂上。这样就躲过夏季高温期,既提高了贝苗的成活率,又提高了贝苗的生长速度,进而提高贝类养殖的产量和效益。

3. 搞好贝类良种繁育

开展文蛤、青蛤、杂色蛤、西施舌、缢蛏等海水贝类的大规格苗种规模化培育技术的产业化开发,建设和完善主导品种的良种繁育体系,选优、复壮培育健康贝类苗种,切断病原传播,提高贝类抵御病害的能力和成活率,从而提高贝类产品的质量和档次,创造更高的产量和效益(杨化林和于中华,2009)。

4.5　贝类池塘养殖技术

池塘养殖滩涂贝类,就是利用沿海滩涂的虾塘、围垦或筑堤围塘,进行蓄水养殖,其优点是投资少、风险小、效益高、设施和操作简单、受不利环境的影响小。

4.5.1　养殖池塘结构

蛏、蛤、蚶等滩涂贝类是滤食性的,通过滤水摄取海水中的底栖和浮游的微型藻类,以及相应大小的浮游动物和有机碎屑。因此,应当选择位于潮间带中潮区的池塘,以保证能根据需要及时进排水,有利于补充所需要的饵料和露滩晒滩。高潮区的池塘往往进水困难,有的每月只有几天可以进水,不能以养贝为主,只能作为副产品。在池塘位置和进排水条件的选择上,应当高度重视,否则,会严重影响贝类的生长,而导致亏损。

滩涂贝类多数能适应一定的低盐度环境,喜欢有淡水注入的海域,可以带来大量的营养物质。尽管一般在海水相对密度 1.005 以上可以生存,而在海水盐度 15～25 最好。但是,要尽量避免过分靠近河口或容易发生长期洪水的区域,否则,容易因雨季盐度长期过低和变化剧烈,导致养殖贝类死亡。

4.5.1.1　池塘底质的选择

不同的滩涂贝类对底质泥沙含量的适应要求是不同的。养殖缢蛏和泥蚶、毛蚶等,底质以泥为主。菲律宾蛤仔通常要求含沙量 20% 以上的较硬底质。文蛤要求沙含量更大些的底质为好。青蛤对底质的适应能力比菲律宾蛤仔和文蛤更广泛。蛤类虽然对纯沙底质能适应,但纯沙底质的海域环境往往饵料生物少,必须更加注意肥水。

4.5.1.2　池塘形状

池塘形状以长方形为佳,长宽比为(4∶1)～(6∶1);池塘的进、排水口分别位于池塘两端,池底以 0.2% 的比降顺向排水口,池水水深 1.0～1.5 m;要保证池塘的堤坝不漏水且进、排水设备齐全可靠(韩其增,2006)。

4.5.1.3　池塘深度

池塘的可蓄水深度,应当能超过 1 m,在严冬或酷暑季节可以提高水位,避免水温过高或冬季池水冻透。

4.5.1.4　池塘清淤除害与改造

用于养殖滩涂贝类的池,应当每年清淤消毒 1 次。放苗前要彻底清池,这对于苗种的早期成活率及安全渡过高温期是很重要的。清除塘底淤积的烂泥,可以先经过曝晒硬化后用机械或人工清除,也可以利用泥浆泵带水清淤。面积较小而且排水通畅的池塘可以直接用高压泵冲刷。应当注意,清除的淤泥尽量不要堆积在堤坝上。

结合池塘翻整清淤,应当对池塘底部进行适当改造。池塘底部应当开挖环沟、纵沟和中央沟。滩涂贝类应当放养于可以排水干露的较高滩面上。放苗前20天,翻松滩面,深度达20 cm以上最好,把细整平,按照养殖品种的特点建立畦田。

养殖缢蛏的蛏田,应当建造在较平坦的中央滩面上,蛏畦一般宽3～4 m,长度随滩面而定,间隔1 m,畦沟深0.2～0.3 m,畦面应当平整,略呈弧形利于排水。

泥蚶、蛤仔等的畦田,相对简单,可划分较大畦田,畦间留1 m的畦沟。养殖蛤仔、文蛤、青蛤等,也可以在滩面上,多开沟起垄,将蛤苗放养在沟垄的顶部和两侧(林国明,2004)。

4.5.2 养殖模式

4.5.2.1 生态混养

池塘养殖滩涂贝类,为了加强池塘肥水,提高池塘的综合效益,应该混养与所养贝类不冲突的其他品种,如对虾、脊尾白虾、鲻、梭鱼和海蜇等。进行以贝类为主的虾、蟹、贝池塘混养,合理搭配是基础,水质管理是关键。其中,贝类产量、产值应处于主导地位,而实行多品种混养能够有效地利用水体空间,提高海水池塘养殖的经济效益。一方面贝类养殖池中混养虾、蟹可调节水质,虾、蟹的残饵、排泄物及底泥中富含的有机物是贝类的优良饵料,有利于维持池塘的生态平衡;另一方面,青蛤、缢蛏等属埋栖型贝类,被动滤食,而池塘与潮间带的不同之处在于水体相对静止,混养一定的虾、蟹可以使水体流动,有利于贝类摄食、生长(张兴国和张英,2005)。

与对虾混养时,因为当前虾病流行,要明确主养品种是滩涂贝类。不能为了怕对虾染病而不换水,影响贝类生长。因此,放养虾苗密度应该比正常养虾低,适当投喂对虾饲料,促进对虾生长的同时,起到肥水的作用。梭子蟹和青蟹会摄食蛏、蛤,混养时要分区围网或覆网养殖。与脊尾白虾混养效益好,可以通过换水进苗或放养抱卵虾,并投喂饼粕。

与鱼类混养时,放养鲻、梭鱼比较好,投喂饼粕就基本能满足其营养要求,同时有利于清除池底的残饵和青苔,对塘内的滩涂贝类没有侵害。混养鲈、大黄鱼、河豚、牙鲆、石鲽等鱼类时,应选择大规格的人工苗种或经过驯养摄食配合饲料的苗种。投饵时,要定点定时,避免将饲料投入贝类畦田。

海蜇是近年来新增的池塘养殖品种。海蜇与贝类混养,生长期 60 天就能长成,可以达到较好的经济效益。海蜇养殖要求池塘水深能达到 1.5 m 以上,放苗前期水深不必太深,后期随着海蜇长大和高温期到来,水深应提高到 1.5 m 以上,有条件的池塘水深达 2 m 以上最好。放苗量不要过多,一般每亩不超过 300 只海蜇苗。养殖期要加强肥水和水体交换,避免引进赤潮水。实践证明,海蜇与滩涂贝类混养,两者在某种程度上可以互利(林国明,2004)。

4.5.2.2　封闭式内循环系统养殖

这是一种新型的海水贝类养殖模式。虾类或鱼类养殖池塘排出的肥水进入贝类养殖池塘,经贝类滤食后去除大部分单胞藻类及有机颗粒,再经植物及生物包处理去除水体中的可溶性有机质,净化后再进入虾类或鱼类养殖池。如此不断循环。

该养殖模式的优点是系统内水质稳定,可控度高,有利于给养殖对象提供优良的生态环境。水体在系统内循环,减少了外源海水带来病原及敌害生物的机会。系统运行中基本不向环境中排放废水,使养殖海区的环境得到保护,有利于沿海地区的海水养殖业的可持续发展。

4.5.3　饵料生物培育

放苗前 10 d,在池边水中施用经过发酵的鸡粪 50 kg/亩或尿素 2～2.5 kg/亩。使用尿素等化肥,应首先溶于水中,再全池泼洒。至投放苗种时,水深逐渐添加至约 50 cm,池水透明度达 20～30 cm。

在贝苗放养前 15 d,池塘进水 60～70 cm,施入氮、磷、钾的复合肥 1.5～2.0 kg/亩,以培养池水中的浮游生物作为基础饵料生物。以后每隔 3～4 d 加水 20 cm,并视具体水色决定追肥量,一般追肥施用复合肥 0.5～1.0 kg/亩,使池水保持黄褐色或黄绿色,池水透明度在 20 cm 左右。要注意观察水色和天气情况,可以掌握少投勤投,晴天中午施肥,阴雨天不施肥,保持水色鲜活。目前商品化的微生物有益菌肥料,能够吸收池底的有害物质,转化成肥料肥水,推荐使用。

池塘养殖滩涂贝类一般不单独人工投饵,主要靠水体交换和适当的肥水,混养其他品种投饵,也有肥水作用,一举两得。肥水的方法很多,常用化肥和鸡粪,用量可参考对虾养殖,但贝类养殖区域不要直接洒鸡粪,最好是采用吊袋的方式。有商品有机肥和微生物肥料,可以按说明书使用,效果也不错。有一点要注意,肥水时要适当地进排水,引进饵料生物,凭空是无法肥水的。

另外,也有养殖者给池塘养殖贝类投喂饼粕或鱼浆,有一定的饲料和肥水效果。但是要注意用量,避免残留过多,败坏底质,务必慎重。

4.5.4 日常管理

1. 勤换水

大多数贝类是固定被动摄食的。池塘若换水少,水流动慢,贝类的大量摄食会引起局部缺饵。若加大换水量,局部缺饵的情况就可得以改善。因此,养殖过程中特别是中后期要勤换水,使养殖水体保持动态平衡,突出一个"活"字。

2. 适量施肥

在池塘水质较瘦时,可能会造成单胞藻类饵料的不足,这就需要根据具体情况适量施肥培养基础饵料以利于贝类的生长。

3. 水温调控

贝类的生长存活与水温密切相关,在适温范围内生长速度随水温上升而加快,但水温过高、过低都会导致其生长不良甚至死亡。可以通过加大水流量或提高池水水位的方法调节,稳定池底层的水温。

4. 盐度调控

养殖水体的盐度对贝类的生长存活亦有相当影响。在大暴雨前可通过提高池内水位来稳定池塘底层海水的盐度,以防盐度剧降而对贝类造成不良影响。

5. 敌害防除

进池海水经过网拦过滤防止虾虎鱼、蟹及玉螺等敌害生物进池,若发现则要及时消除。及时捞除池内的水云、浒苔,以免其过度蔓生而对贝类造成危害。

4.6 贝类的灾敌害及其防除技术

4.6.1 灾害类型

经济贝类的主要灾害有以下几个方面:

1. 水文气候异常

异常水文、气象导致环境条件的剧烈变化,会对贝类造成不同程度的危害。例如,酷暑严寒时,引起温度大幅度变化,超过了贝类的耐受限度,往往使贝类等大面积死亡,尤其是在较高潮区的稚、幼贝。沿海形成风暴或台风时,狂风和暴雨正面袭击滩涂,往往也会使养殖贝类造成严重损伤。

2. 洪水

洪水暴发时不但使海水密度急剧下降,而且往往会携带大量的泥沙,在内湾、河口区淤积造成养殖贝类尤其是底栖贝类的窒息,或引起滩涂底质的变动使大面积的养殖贝类迁徙。

3. 污染与赤潮

人为污染如原油泄漏、排放有毒物质及赤潮等造成人为灾害的事例也屡见不鲜。

贝类在繁殖后体质较弱,此时若遇到温度骤变、大风浪等恶劣环境,也可能引发灾难性的后果。

4. 病害暴发

随着贝类养殖业的发展,无论是海涂养殖、浅海养殖,还是堤内池塘养殖,连续几年,多种养殖贝类都发生过大面积的突发性病害和死亡。如近年来,文蛤每年的 6 月和 9 月暴发的"菊花瘟",发病规模大、死亡率高,严重阻碍了文蛤养殖业的健康发展。

4.6.2 敌害生物

贝类的敌害生物是多种多样的,归纳起来,可分为直接蚕食贝类,侵占附着基或养殖空间,争夺食物和溶解氧,毁坏养殖器材,污染水环境,寄生或引起疾病等几种(附图 8)。

1. 敌害鱼类

许多肉食性鱼类,如河豚、黑鲷、鳐、𫚉、海鲫、角鲨、刺虾虎、狼虾虎鱼、弹涂鱼、梭鱼、班头蛇鳗和海鳗等,是贝类敌害。梭鱼每年到滩涂上因食藻类时连同将刚附着的贝苗一起吃掉。穴居性的鳗类、虾虎鱼等能够寻食埋栖贝类,是缢蛏、杂色蛤仔、蛤仔等埋栖贝类的重要敌害。

在养殖中,凶猛鱼类可以用茶籽饼毒杀。但是,茶籽饼对贝类,特别是蚶类同样有毒,所以养蚶的池塘,绝对不能在养殖过程中使用。最好的办法就是早期清塘肥水开始,就挂上袖网和围网,尽量避免敌害鱼类进入。蛏蛤养殖池可以用 $5\sim7$ mg/L 的茶籽饼清除害鱼,用药前先露滩,使害鱼进入水沟再加药,几小时鱼死后,进排水。茶籽饼的残渣不可泼洒到畦田上,用药后要连续几次大排水。

2. 敌害腹足类

肉食性腹足类对养殖贝类危害较大,如红螺、紫口玉螺、扁玉螺、福氏玉螺、斑玉螺、荔枝螺等,能用足包缠贝类,待憋死后食其肉,或分泌一种酸性物质,在贝壳上穿一圆孔(孔的位置一般在壳顶附近),然后从小孔中深入口吻,利用颚片和齿舌锉食其肉。长江口北部滩涂双壳贝类的主要腹足类敌害为玉螺,常常可以在滩面发现空的文蛤壳,双壳完整,只是在壳顶附近部位有一个直径 2 mm 左右的圆洞,即为玉螺酸蚀所致。

3. 突壳短肌蛤

突壳短肌蛤是一种壳薄而脆,用足丝成群地附着在海滩上生活的瓣鳃纲。常在 $5\sim6$ 月大批出现在贝类养殖区,覆盖滩面,侵占幼贝附着的地盘或影响贝类的摄食和呼吸,甚至将贝类憋死,是埋栖贝类的一大敌害。发现突壳短肌蛤附着于贝苗场地的,应当将贝苗连同突壳短肌蛤一起刮起,洗去泥沙,放在阴凉处晾一夜,突壳短肌蛤即可死亡,经搓揉、淘洗,将死的突壳短肌蛤淘去,再将贝苗播入育苗场。养成场发现突壳短肌蛤时,可组织人力采捕,或用耙、树枝等在滩面上拖拉,拉断足丝,使其随潮流漂走。

4. 章鱼(八带鱼)

潮间带常见的章鱼有长蛸、短蛸。它们常在贝类养殖区筑穴潜居,涨潮时出穴吃食贝类。在养殖管理中,应经常寻找阴洞挖捕,或利用章鱼喜在螺壳中产卵的特点,在产卵期利用红螺壳捕捉。

5. 浒苔等丝状藻类

池塘底部浒苔等丝状藻类(青苔)的大量发生,是滩涂贝类池塘养殖的常见敌害,影响贝类生长、摄食和呼吸。放养贝苗多的池塘水质往往比较清瘦,底层光照较强,利于浒苔的生长繁殖。进入池塘的海水中难免会夹带浒苔或其孢子,只要条件适宜会很快大量繁殖。浒苔大量生长的地方,贝类被覆盖导致窒息死亡。水温较低时,浒苔大量繁殖,温度高时就开始死亡腐烂,所在区域的贝类几乎都被闷死,巡塘时会发现这些区域底部呈现暗红色,就是浒苔腐烂后,导致大量红色的光合细菌繁殖。

发现池塘内出现浒苔繁殖生长,必须立即处理。不能简单地采用捞取的方法,否则,破碎的浒苔会传播更快,是人力所不能及的。正确的防治方法是,每天巡塘检查,及时发现,及时或提前使用药物处理。目前市售多种清苔药物,应该提前做实验,避免使用后导致养殖动物死亡。发现青苔后,要结合捞除和药物处理,然后进水冲洗。用药后死亡的浒苔必须随水冲出池塘,不能覆盖在滩面上。一般提前用药,或及时发现用药后,可以解决浒苔问题。

在贝类养殖池塘中,每亩投放 20 条左右的黄斑篮子鱼,能够较为有效地控制浒苔的暴发。

6. 蟹类

蟹类能损害贝苗或成贝,尤其是日本蟳、青蟹、梭子蟹,侵害贝类严重。蟹能把瓣鳃纲的壳夹破,然后撕食其肉。潮间带多种小蟹也危害贝苗。因此采苗场或育苗场,应事先清滩。

寄居豆蟹常寄居在贝类的外套腔中,影响生长、繁殖、摄食和呼吸,亦是养殖敌害生物。在我国至少有 8 种豆蟹寄居在牡蛎、蚶、杂色蛤、青蛤、四角蛤蜊和贻贝唇瓣附近或外套腔中,被寄居的贝类软体部分比正常贝类消瘦一些。

7. 海星、海燕

海星,对低潮线以下的扇贝、鲍、牡蛎、蛤仔等危害严重,一个海星一天连吃带损坏的蛎苗可达 20 个。海星大量繁殖时,可造成扇贝大量损失。因此,在贝类养成区及资源保护区内,必须清除海星和海燕,清除方法可用底拖网等捕捞。捕到的海星应运到陆地上沤肥,切不可撕碎后扔到海中,因为海星再生力很强,碎裂的每一部分均能重新形成新的个体。

8. 海产涡虫

涡虫是一种姜片状的椭圆形动物。春、夏季在养成区出现,主要危害蛤仔。它用身体包住蛤仔,将其憋死后舔食其肉。清除涡虫的办法是在晴天时,每亩蛤田撒茶籽饼 4~7 kg。

9. 寄生生物

许多动植物寄生在瓣鳃类的体内,能产生疾病,影响健康。如培养在实验室内的幼虫,常被菌类感染而死亡。鸡冠状螺旋体常寄生于成体的体内。绿蛎舟硅藻能使牡蛎得绿色病。桡足类类贝肠蚤常寄生在贻贝或牡蛎的消化道中,凡被它们寄生的贻贝,其生殖腺与肉重的比值常比正常的小 10%～30%,有些吸蛭的幼虫常啮食瓣鳃纲的器官,使它不能生育。寄生性腔足类短口螺有时躲在瓣鳃纲的壳缘,吸食寄主的血液,严重的时候,能损害寄主的闭壳肌造成死亡。

目前养殖海区比较多见寄生虫病发生,危害较大的是贝类的吸虫病,经常导致 2 龄的缢蛏和蛤仔消瘦和大面积死亡。也有报道发现了原生动物帕金虫病,危害也较大。寄生虫病尚无有效药物治疗。但是,从发病规律看,其主要侵害 2 龄贝类。可以选择适当的苗种争取 1 年养成出售,可以避开发病。

10. 赤潮

浮游生物是贝类饵料,但它也可以形成赤潮,危害贝类。

赤潮是由海水中浮游生物异常繁殖而引起的,所谓赤潮,是由一种或数种浮游生物大量繁殖以致使海水变色的现象。因此海水的颜色随构成赤潮的浮游生物种类而不同,不一定限于红色,也有黄绿色、暗紫色或黄色的情况,但多数是由黄褐色到赤褐色。形成赤潮的生物很多,甲藻门的裸甲藻、旋环藻、复环藻、夜光虫、角藻及硅藻、桡足类和细菌等大量繁殖时都可能形成赤潮。由于它们大量繁殖和死亡分解,使海水变质,呈赤褐色或黄褐色并带有黏性和腥臭味,因此渔民称为"臭水"。赤潮能引起贝类的大批死亡,有时赤潮造成牡蛎的死亡率达 70% 以上,所以应搞好早期预报;在赤潮发生之前,将贝类移至安全区。

赤潮也常常发生在温带、亚热带和热带的近岸和河口水域,尤其是大量河水及雨水流入河中,或在闷热天风的夏季和有上升流的地区,温度急剧上升,促进了赤潮生物的新陈代谢,另外,长时间无风、海面平静形成高温、低盐和丰富营养盐类等条件,也会造成浮游生物大量繁殖,导致赤潮的产生。

11. 水鸟

各种水鸟常成群结队地来到滩涂啄食贝苗及成贝。可用猎枪惊吓或用钩钓、网捕等办法驱逐或捕捉。

此外小型贝类,特别是瓣鳃纲的卵子和幼虫,为许多水生动物的饵料,就连细小的腔肠动物的幼虫和夜光虫也能捕食瓣鳃纲的幼虫。

4.6.3　防灾减灾措施

4.6.3.1　监测预报

在洪水期或风浪较大的滩涂可建防浪堤、防风堤来阻挡洪水、风浪的直接冲击,在蛏、蛤、蚶养殖中常用此方法。防灾减灾最主要的是进行有效的监测,开展灾害气候的准确预报等。

4.6.3.2　防除敌害措施

1. 物理法

对育苗水体中的原生动物等敌害可根据其大小与培育的浮游幼虫的个体差异,用适当的网目筛绢进行机械分离。

在滩涂生活的敌害生物可在巡埕管理时用手捉、网捕、惊吓等办法防除。如蟹类、螺类可在下埕管理时捕捉。

玉螺等螺类多在阴天或晨昏时出穴活动,此时捕捉效率较高。也可用蟹汁喷于埕面诱之集中再捕捉。捕捉时若有肉食性腹足类的卵群、卵袋、卵囊等,也应一并拣除。

另一种方法是在养殖埕地周围修筑芒草堤,可阻拦肉食性螺类,对阻拦、恐吓灾害性鱼类有一定作用。

浒苔、寻氏肌蛤等可用耙、竹筛等耙除或捞除。

2. 化学法

除杀敌害的化学药品种类很多,国内常用中草药、大蒜浸出液及其他化学制剂。但在生产中严禁使用违禁药物。

(1) 鱼藤每 667 m² 埕地用量 550 g。具体做法是:将 500 g 鱼藤捣烂,加 5 kg 淡水把鱼藤的汁液洗出即成原液,使用时把原液加水 50～75 kg 稀释,喷洒蛏埕,喷药后约 5 min 蛇鳗等出穴,且变得不太活跃,此时逐个抓拾。

(2) 大蒜浸出液可以杀死多种微生物,如真菌及细菌中的一些种类,而且没有其他不良反应,也不产生抗药性,以每立方米水体 2 g 大蒜捣烂,取浸出液匀洒。

(3) 烟屑浸出液以 1‰～2‰ 浓度遍洒,对杀死螺蠃蝛有效,每 667 m² 用量约 4 kg。喷药时在晴天气温高时效果更好。

(4) 生石灰对毒杀甲壳类、海星类比较有效。以生石灰 1.5～2.0 kg/667 m² 或壳灰 25～30 kg/667 m² 清池可除杀微生物和甲壳类敌害。

（5）茶籽饼碎末对毒杀鱼类和涡虫效果良好，用量是蛤埕 $4\sim 8\ kg/667\ m^2$ 匀撒；撒茶籽饼时，以晴天效果较佳。

（6）漂白粉可有效杀除浒苔等。药液直接均匀喷洒在浒苔上，经 $2\sim 4\ h$ 可杀死浒苔，除杀后及时进水冲洗。

此外，食盐水也可杀死珠母贝体上的凿贝才女虫。对网箱、网笼上附生的敌害生物，可用特殊的化学制剂涂喷网笼、绳索等，形成一层涂膜。附着生物分泌的物质遇到这种涂膜，就像水珠滴在荷叶上，无法黏附，从而达到防止附生的作用。

3. 生物学防治方法

生物学防治主要有三个方面。一对敌害生物（如藤壶）的繁殖和繁殖高峰做出准确预报，以避开其繁殖和附着高峰。二是根据敌害生物与养殖贝类对附苗器的质地、颜色等的不同喜好，设置引诱性附着器。三是利用生物相生相克的原理，用天敌除杀。如用滨螺与牡蛎混养，以去除杂藻；又如在池塘中混养鲻、篮子鱼等吞食浒苔等（李碧全和王宏，2009）。

参考文献

王跃红. 2009. 青蛤苗种的规模化繁育技术研究. 南京：南京农业大学硕士学位论文.

王如才，王昭萍. 2008. 海水贝类养殖学. 北京：中国海洋大学出版社.

全国水产技术推广总站. 2008. 滩涂贝类健康养殖技术. 中国水产，(6)：52-53.

韩其增. 2006. 文蛤池塘养殖技术. 中国水产，(5)：46-47.

张岩岩，王淼，杨辉，等. 2009. 文蛤滩涂大面积围网养殖试验. 河北渔业，(9)：9-10.

杨化林，于中华. 2009. 如何提高滩涂贝类养殖效益. 齐鲁渔业，26(8)：42.

林国明. 2004. 滩涂贝类池塘健康养殖技术. 渔业现代化，5：6-9.

张兴国，张英. 2005. 青蛤池塘养殖技术. 中国水产，(5)：51-55.

李碧全，王宏. 2009. 海水贝类增养殖技术. 北京：化学工业出版社.

第5章　江苏贝类产业结构与特征

5.1　产业结构

研究产业结构的目的是尽可能完整地描述和总结出产业的特征,更好地服务于相关产业的发展。

5.1.1　空间分布

(1) 文蛤:主要分布在如东、启东、大丰、东台等沿海的粉沙质滩涂,面积约180万亩,资源量11万t上下。全省文蛤增养殖面积70余万亩,养殖种苗主要来自江苏南部的自然繁殖群体,其中,如东是文蛤最大的养殖、种苗和出口基地。

(2) 青蛤:生活于沿海砂泥质或泥砂质的潮间带,主要分布在射阳至启东一带,分布面积达80万亩,自然资源量0.65万t上下。近几年,青蛤因其市场好,价格高,群众发展养殖的积极性很高,目前青蛤养殖发展迅速,养殖面积达3万多亩。

(3) 四角蛤蜊:是我省贝类中第二大经济种。它埋栖于潮间带中下区及浅海的泥沙滩中,江苏省资源量约10万t。目前养殖发展到6万多亩,产量近3万t,该产品因其物美价廉、生产技术简单、产量高,广受养殖户和消费者喜欢。

(4) 缢蛏:属广盐性穴居贝类,喜栖息于浪静流畅的内湾和河口处的软泥或泥砂底质的中、低潮区滩涂上,江苏省大丰、东台沿海均有分布。缢蛏生长快、养殖周期短、产量高,播种到养成不到一年的时间。江苏从北到南都进行养殖,全省养殖面积已达5万多亩,产量超过1万t。

(5) 菲律宾蛤仔:栖息在风平浪静、有淡水注入的内湾中低潮区,潜居于砂多泥少的海滩上。主要分布在连云港沿海,面积约10万亩,资源量4000t。菲律宾蛤仔是海水增养殖的高产优良品种,现在养殖面积约 3 万亩,产量 3000 t。

(6)泥螺:栖息于潮间带泥沙滩上,江苏沿海广为分布。围养面积已达 6 万亩,因其价格高,经济效益显著,肉可鲜食,也可加工制成醉螺等成品,成为沿海养民致富的一条门路。盐城沿海泥螺,因连年进行滩涂护养而快速增长,已经形成年产 1 万 t 的规模。

(7)泥蚶:泥蚶是经济价值较高的贝类。它生活在潮流通畅、风平浪静的内湾软泥滩中,以中、低潮交界处为多,主要分布在南通通州、海门沿海。1996 年把滩涂泥蚶围栏养殖列为江苏省海洋渔业开发项目,目前全省泥蚶围栏养殖面积已达 2 万多亩。

(8)西施舌:江苏沿海均有分布,一般栖息在潮间带下部浅海区,为珍贵的贝类。目前只有赣榆、启东开展小面积人工增养殖。

(9)扇贝:赣榆、连云区进行小规模试养的是栉孔扇贝和海湾扇贝,从养殖效果来看,具有生长快、产量高、经济价值高的特点,应作为北部浅海海域开发的主要海水养殖品种。

(10)鲍:连云港部分海区有鲍分布。目前连云区养殖的鲍为皱纹盘鲍,利用坑道冬暖夏凉的条件进行养鲍可节约成本,缩短养殖周期,现在鲍养殖的总量为 30 万头。鲍一般养成需 3 年时间,因生长慢,成本高,价格昂贵,在国际市场上供不应求,目前世界年产量只有 1.5 万 t 左右,发展鲍养殖前景广阔。

(11)太平洋牡蛎:具有个大、生长快、产量高、效益好等特点,一般养成需 2 年时间,壳长 10 cm 以上时收获,人工养殖亩产可高达 4~6 t,是推广养殖的主要贝类品种之一。连云港海域利用筏式吊养方式进行小面积养殖(陈爱华等,2005)。

5.1.2 产业链

产业链是产业经济学中的一个概念,是指从初始资源直到最终消费路径上,由各个产业部门之间基于一定的技术经济关联,客观形成的前后顺序关联的、有序的经济活动的集合。

贝类资源是江苏省优势资源,其中蛤类资源是江苏的重要经济贝类之一,如文蛤的资源量居全国首位,主要分布于南通地区的如东、启东,以及盐城地区的大丰、东台,以南通文蛤产业为例对产业链进行说明。

　　南通文蛤产业经过长期发展,产业链已经比较完整,包括育苗、养殖、加工、销售及消费 5 个环节(图 5-1)。产业链起始于文蛤的生产(育苗、养殖、采捕),止于文蛤产品的销售,中间经过多个环节,任何两个环节都存在采购、整理、运输等业务活动。据此,我们可以把文蛤产业链细分为上游、中游和下游产业。上游产业包括育苗、养殖、捕捞和休闲,生产地点是育苗场和养殖场,所用资源和设备包括滩涂、船只、渔具、绳网、杆柱、劳动力等。中游产业的生产过程包括鲜活文蛤销售、初加工和深加工,生产地点是文蛤加工厂,所用资源和设备包括原料、辅料、加工设备、加工工艺、劳动力等。下游产业的生产过程包括文蛤包装、批发、分销、零售、消费等,生产地点是水产品批发市场、大型超市和农贸市场等各级水产品销售市场,所用资源和设备包括包装、保鲜、运输及销售设备等。

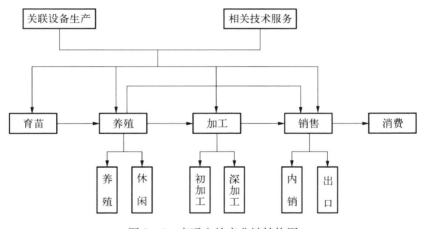

图 5-1　南通文蛤产业链结构图

5.1.3　供需链

　　供需链是由物料获取并加工成中间件或成品,再将成品送到顾客手中的一些企业和部门构成的网络,其构成要素包括:① 经济实体,即企业和行业协会;② 业务活动,即生产、仓储、批发、零售等一系列价值增值活动;③ 相互关系,有竞争、合作等性质;④ 最终客户。

　　以如东为例,从事文蛤育苗的企业有 5 家,其中以新港养殖场的规模最大、产量最高。除了供应本地的养殖企业以外(如东多数养殖企业不生产幼苗,或是产出的幼苗无法满足自身所需,因而需要向育苗企业购买苗种),还有大量苗种销往全国各地,规格从600～20 000粒/kg不等,其中2000粒/kg的幼苗由于养殖周期短、价格较低,因而最受欢迎;600粒/kg的幼苗,虽然研制周期较短,但过高的价格(每1000粒价格为11元左右)导致销量很少(表5-1)。

表5-1   2012年文蛤苗种销售情况

规格/(粒/kg)	16 000～20 000	14 000～16 000	2000～14 000	600～2000
价格/(元/t)	8000	7500	7000	6500
主要市场	如东、启东、潍坊、盘锦		如东、启东、北海	

养殖企业在每年4～10月采捕成品文蛤。采捕量本应由市场需求决定,但由于近几年病害不断出现,因而养殖企业较为明智的做法是尽快将文蛤推向市场,以避免大规模死亡造成的重大损失。养殖企业产出的文蛤都在岸边直接交货,购买方包括加工商、批发商(从事国内批发和出口)、零售商及一些大型酒店。

加工企业有两家,文蛤购自南通、辽宁(主要是盘锦)、广西(主要是北海),比例分别为40%、20%、40%。加工产品全部销往美国和日本,比例分别为70%和30%。

专营文蛤批发的公司共有11家,批发摊位都位于南通天一农副产品批发市场。零售商大约有3000人,年销售量约为2万t,每年4～10月都从本地海边直接收购进行销售,直到10月以后才通过天一市场批发外地文蛤(来自启东、广东、广西、浙江及辽宁),销往全国其他地区的本地文蛤也都需通过天一市场。为了提高价格,凡是经过天一市场的文蛤都被冠以本地文蛤之名。

终端消费者主要包括当地居民、外来务工人员及旅游人员,每年都消费大量文蛤(只限于鲜活品,对加工品毫无消费意愿),主要方式是从农贸市场购买或在饭店(除大型饭店以外,大多数饭店都从农贸市场购买文蛤)中消费。

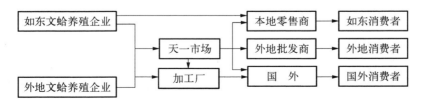

图5-2   如东成品文蛤供需链

5.1.4　集中度

产业集中度是决定市场结构最基本、最重要的因素,集中体现了市场的竞争和垄断程度,是决定某一市场绩效或效率的重要因素。其中,经常使用的集中度计量指标有:行业集中率(CRn 指数)、赫芬达尔-赫希曼指数(Herfindahl-HirschmanIndex,HHI,简称赫芬达尔指数)、洛伦兹曲线等。由于启东文蛤养殖企业的数量较少(只有 8 个)(表 5-2),洛伦兹曲线无法反映出这种寡头垄断型市场结构,而需要测算排名前 4 位或前 8 位企业份额的行业集中率显然也不适合,因而本文选用赫芬达尔指数作为衡量市场集中度指标。赫芬达尔指数是一种测量产业集中度的综合指数。它是指一个行业中各市场竞争主体所占行业总收入或总资产百分比的平方和,用来计量市场份额的变化,即市场中厂商规模的离散度。公式如下:

$$\mathrm{HHI} = \sum_{i=1}^{N}(X_i/X)^2 - \sum_{i=1}^{N}S_i^2 \qquad (5-1)$$

式中,X 为市场的总规模;X_i 为 i 企业的规模;$S_i = X_i/X$ 为第 i 个企业的市场占有率;n 为该产业内的企业数。

鉴于滩涂是文蛤养殖企业最重要的生产要素,本文选取各企业所占有的养殖滩涂份额作为产业集中度的衡量指标。

表 5-2　启东文蛤养殖企业的养殖面积

养　殖　场	面积/万亩
启东市宏远水产养殖有限公司	2
南通兴旺水产养殖有限公司	1.5
南通鹏盛水产养殖有限公司	1
启东市黄海滩涂开发有限责任公司	0.7
启东市宏达水产养殖有限公司	1.2
启东市连兴港水产开发有限责任公司	3
启东市连兴港水产养殖有限公司	2.5
南通市浩盛水产养殖有限公司	1
合　　计	12.9

一般而言,HHI 值应介于 0～1,但通常将其值乘上 10 000,故 HHI 应介于 0～10 000。美国司法部利用 HHI 作为评估某一产业集中度的指标,并制订出下列标准(表 5-3):

表 5-3 产业集中度分类

产业集中度	寡占型				竞争型	
	高寡占Ⅰ型	高寡占Ⅱ型	低寡占Ⅰ型	低寡占Ⅱ型	竞争Ⅰ型	竞争Ⅱ型
HHI	HHI≥3000	1800≤HHI<3000	1400≤HHI<1800	1000≤HHI<1400	500≤HHI<1000	HHI<500

将启东文蛤产业的 HHI 值乘以 10 000 得到数值 1528,为低寡占Ⅰ型。产业并未出现一家独大的局面,各个企业的生产资料份额较为平均。

5.1.5 经营项目

文蛤企业的经营项目主要有养殖、加工、批发和零售,但由于零售点过于分散而极难统计,本文只考察养殖、加工和批发的企业和个人。

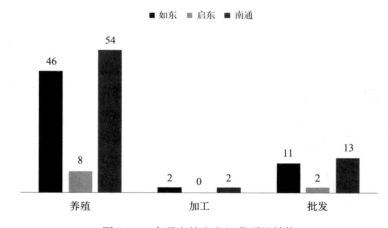

图 5-3 南通文蛤企业经营项目结构

在南通文蛤企业中养殖企业数量占绝大多数,批发企业次之,加工企业最少。如东和启东的文蛤企业都是养殖企业占绝大多数。如东有加工企业而启东没有(图 5-3)。

5.1.6 成本构成

成本构成是指产品成本中各项费用(如人力、原料、土地、机器设备、能源等)所占的比例或各成本项目占总成本的比例。当某种生产因素成本占企业总成本比例愈高,该生产因素便成为企业主要风险。分析成本结构可以寻找出降低成本的途径。

文蛤养殖企业的成本主要包括滩涂使用费、船只维修费、固定职员薪水和采捕费。其中如东的养殖企业在使用滩涂时只需缴纳海域使用金,为 11 元/亩,而启东的养殖企业除了缴纳海域使用金外还需上交资源保护费:潮间带的海域使用金为 8 元/亩,资源保护费为 10 元/亩,共计 18 元/亩;浅海的海域使用金为 5 元/亩,资源保护费为 1.5 元/亩,共计 6.5 元/亩。虽然两地在收取海域使用费用时有差别,但总体来说差别并不显著。

各养殖企业并未对其他费用(如船只维修费、电费、油费等)做单独的记录,而是将其合在一起算作运营费用,因而无法对养殖企业的成本做更为细致地分析。

本文选取如东的 A 养殖场和 B 公司作为样本进行具体的成本结构分析。

1. 养殖场代表——A 养殖场

A 是集体所有制企业,目前已承包给个体进行养殖活动。养殖场每年的运营成本主要包括四部分,分为承包费(包括海域使用金)326 万元,固定工人的薪水 100 万元,企业经营所必需的费用 50 万元,采捕费 200 万元,共计 676 万元。

从 A 的成本构成中可以看出(图 5 - 4),承包费所占比例最大,高达 48%,但这属于特殊情况,因为其他企业不存在承包的情况。如果不考虑承包费,那么采捕费(占总成本的 30%)和工资(占总成本的 15%)所占比例最大,是最主要的组成部分,也成为企业的主要风险。由此也能看出在文蛤养殖企业中人工费用是最主要的支出,这是由于文蛤养殖的生产过程并未推行机械化而完全依赖人力所致。

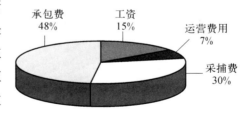

图 5 - 4 2011 年 A 的成本构成

2. 加工厂代表——B 公司

B 主营文蛤和杂色蛤的加工,2011 年其成本主要分为 5 个部分,分别为原料费用(文蛤和杂色蛤的收购费用)2000 万元,工人薪水 230 万元,税费(企业所得税等)275 万元,电费(按工业用电标准收费)120 万元,其他费用(养老保险金等)50 万元,共计 2675 万元。

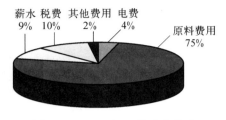

薪水 税费 其他费用 电费
9% 10%   2%   4%

原料费用 75%

图 5-5   2011 年 B 的成本构成

从图 5-5 可以看出,加工企业的原料费用所占比例高达 75%,是成本中最大的一笔支出。税费、工人薪水及电费分别占到 10%、9%、4%,所占比例远小于原料费用。

通过对 A 和 B 的成本结构分析可以看出:养殖企业最主要的成本是人工费,这可能是由于文蛤养殖主要依赖人力,机械化程度很低;而加工企业最主要的成本是原料费用,这可能是因为文蛤加工不依赖人力,机械化程度较高。

因为文蛤养殖成本结构中最主要的是采捕费,所以有必要对采捕费的变化趋势进行分析(表 5-4,表 5-5)。

表 5-4   2000~2012 年文蛤苗种采捕费

年 份	2000	2001	2008	2009	2010	2011	2012
采捕费/(元/kg)	0.36	0.36	0.42~0.45	0.60	0.75~0.90	1.8	1.8

表 5-5   1992~2012 年成品文蛤采捕费和售价

年 份	1992	1994	1996	1998	2000	2002	2004	2006	2008	2010	2012
采捕费/(元/kg)	0.2	0.4	0.4	0.4	0.6	0.6	0.8	1.0	2.0	4.0	4.0
售价/(元/kg)	1.0	1.4	1.4	1.6	4.0	4.0	4.0	4.0	7.0	8.0	8.0
比例/%	20	29	29	25	15	15	20	25	29	50	50

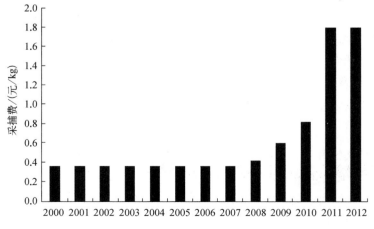

图 5-6   2000~2012 年文蛤苗种采捕费

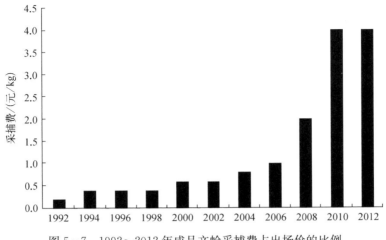

图 5－7　1992～2012 年成品文蛤采捕费占出场价的比例

　　从图 5－6 和图 5－7 能够看出,文蛤的苗种和成品的采捕费在过去几十年中大幅上涨,但由于货币购买力不断下降(通货膨胀),因而无法真正说明其上涨幅度。从图 5－6 中可以直观地看出采捕费的涨幅之大,在 2008 年以前成品文蛤采捕费占售价的比例大致维持在 20％左右,而 2009 年之后南通文蛤产业的人工费用迅速上涨,比例已接近 50％,文蛤养殖的利润空间被大幅压缩。文蛤养殖企业亟需推进机械化生产以减少采捕费用的支出,避免企业经营陷入困境。

5.1.7　产品种类

　　文蛤的产品主要分为鲜活品和加工品。鲜活品也即活文蛤,在沿海城市的农贸市场和大超市里基本都能买到。加工品主要包括冻真空文蛤(全壳、半壳、纯肉及肉饼)、冻煮真空文蛤(包括全壳、半壳、纯肉及纯肉加汤)和文蛤粉(鲜文蛤、谷氨酸钠、5-肌苷酸钠混合而成,可替代味精),前两者销往国外,后者在国内销售。加工所剩文蛤汁销往上海作为海鲜火锅底料,文蛤壳曾主要用于烧制贝壳灰,而现在则主要作为鸡饲料的钙质添加剂或者养殖紫菜的附着基。

　　南通文蛤的鲜活品出口在 21 世纪初曾一度达到一年 2 万 t,2007 年以后急剧减少,2009 年仅为 4710 t,2010 年为 5020 t。自如东开始对文蛤进行深加工出口后,加工品的出口量就一直保持增加的趋势,2012 年时已达 2500 t,大约能占到出口总量的 30％。2012 年如东产出成品文蛤约 2 万 t,其中鲜活品 1.75 万 t、加工品 0.25 万 t,出口鲜活品 0.35 万 t、加工品 0.25 万 t,国内消费鲜活品 1.4 万 t。启东年产出成品文蛤 1.2 万 t,其中出口鲜活品 0.2 万 t,国内消费鲜活品 1 万 t。

南通文蛤鲜活品出口数量趋于稳定,而加工品却不断增加,这可能意味着国外消费者越来越倾向于食用加工品。国内消费者更青睐鲜活品,几乎不消费加工品。

5.2 社会经济影响

南通文蛤的苗种和成品产量分别占全国的 70% 和 60% 以上,是全国最重要的文蛤苗种产地和养殖基地,因而南通文蛤养殖的任何变化都将影响全国的文蛤养殖和消费。

2011 年,南通文蛤产业的产值约为 4 亿元(其中如东不到 3 亿元,启东超过 1 亿元)。其中如东文蛤产业的产值就接近 3 亿元,占全县海洋渔业总产值的十分之一(如东海洋渔业总产值约为 29 亿元),重要性不言而喻。另外,如东的文蛤养殖面积和产量在过去十几年间一直比较稳定(直到最近几年才开始大规模围垦滩涂),一定程度上保证了地方的食物供给和蛋白质供应(表 5-6,图 5-8)。

表 5-6 1992～2012 年成品文蛤养殖面积和产量

年　　份	养殖面积/万 hm²	产量/万 t
2001	2	2.6
2002	1.33	1.4
2003	1.33	1.2
2004	1.33	1.2
2005	1.6	1.3
2006	1.87	1.6
2007	1.6	1.8
2008	2	2.8
2009	2	3.2
2010	2	3.2
2012	1.33	

如东文蛤产业直接参业人口约为 1.5 万人,其中加工人员 300 人、销售人员 3000 人,季节性用工约为 3.5 万人。采捕季节最多能有 5 万人同时就业,约占如东总人口的 5%(2011 年如东总人口为 104.8 万)。

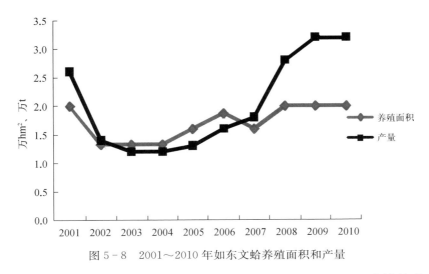

图 5 - 8　2001～2010 年如东文蛤养殖面积和产量

阳历"三月三"是日本的传统节日"女儿节",节日餐桌上不可或缺的美味佳肴就包括文蛤,但这短时间日本国内供给不足,需要从南通进口鲜活文蛤以满足市场需求,因此每年 2 月都是南通文蛤出口的旺季。

作为南通得天独厚的特产,文蛤已与南通人的生活息息相关。在如东极力打造的四大特色旅游项目(进绿色大氧吧、跳海上迪斯科、听空中交响乐、尝天下第一鲜)中,就有两项与文蛤有关,其影响力可见一斑。1959～1961 年,全国性的粮食不足导致许多地区都饿殍遍野,但丰富的文蛤资源使得启东得以幸免,不仅无人饿死,甚至都未有人出现身体水肿。经历过那个时代的启东人一直对文蛤心存感念,不愿看到文蛤产业消亡。

5.3　贝类产业主要特征

5.3.1　产业状况

文蛤产业最初包括采捕和销售,如今已包括育苗、养殖、加工、批发、销售、休闲、收藏等多个环节,产业趋于成熟和稳定。未来,在保证育苗和养殖的前提下,加工、休闲和收藏很有可能成为产业新的增长点。

5.3.2　文蛤产业结构特点

(1)养殖企业规模相当:各养殖企业的规模相当,并未出现一家独大的局面。

（2）集体所有制占多数：虽然集体所有制形式只存在于如东的文蛤养殖企业中，但集体所有制企业的数量众多，以南通为例，在如东养殖企业和文蛤企业（包括加工和批发）中所占比例分别为 67% 和 53%，在南通这一比例为 57% 和 53%。

（3）养殖企业数量多：企业数量方面以养殖企业为最多，批发企业次之，加工企业最少。

（4）养殖和采捕环节的从业人数最多。

（5）人工费和加工原料费用比例大：成本结构中养殖企业的人工费用（采捕费和工资）所占比例最大，加工企业的原料费用所占比例最大。

（6）加工品呈上升趋势：产品结构中鲜活品占据统治地位，而加工品虽然目前所占比例很小，但保持逐渐上升的趋势。

（7）国内消费结构单一：文蛤产品出口结构中加工品所占比例越来越大，而国内消费的文蛤全部为鲜活品，消费结构单一。

5.3.3　行业协会

在如东，文蛤行业协会虽然相较从前已经有了长足的发展，但所拥有的权利依然比较有限。另外，协会的会员企业很多都属集体所有，管理者多为代理人，在很多问题上并无实际决定权，这也在很大程度上制约了行业协会职能的发挥。

5.4　贝类产业主要挑战

养殖滩涂被大量围垦，养殖规模不断缩小；大规模死亡事件频发，养殖企业的预期收益不稳定，养殖意愿和信心降低；人工成本大幅上涨，养殖企业利润空间被压缩；文蛤价格持续低迷，养殖企业的利润减少；市场竞争激烈。

5.4.1　养殖滩涂围垦严重

南通市在"十一五"期间进行了大量滩涂围垦工作，对文蛤养殖造成了很大影响（表 5-7）。其中为建设洋口港而围垦的 3 万亩滩涂包括了文蛤重要

的产苗区,为了进行高涂蓄水养殖而围垦的兵房、东凌的 1.24 万亩滩涂原先
也主要是文蛤的养殖区。在海洋工业和高涂养殖的"联合围剿"下,如东文蛤
养殖面积从 2010 年的 30 万亩降为 2012 年的 20 万亩。而启东早在"十五"
期间就开始对养殖滩涂进行围垦,虽同时在无名沙等地开辟新的养殖滩涂,
但补充的速度远不及围垦的速度,养殖总面积从 2000 年的 20 万亩减少到如
今的 13 万亩。

表 5-7　"十一五"期间南通市围垦滩涂情况统计

县(市、区)	用 海 项 目	获国家、省、市、县批准面积/万亩	已围面积/万亩	用途
海安县	海安老坝港经济开发区	1.40	3.10	农业
如东县	栟茶农业围垦区	0.66	0.66	农业
	沿海经济开发区工业建设区	1.30	2.00	建设
	掘苴农业围垦区	3.00	3.00	农业
	亚海高涂蓄水养殖	0.60	0.70	农业
	洋口港临港工业一、二期	4.50	3.00	建设
	人工岛	0.38	0.38	建设
	豫东垦区	3.00	3.00	农业
	兵房高涂蓄水养殖用海	1.90	0.70	农业
	东凌高涂蓄水养殖用海	0.54	0.54	农业
通州区	滨海新区工业建设区	2.70	2.70	建设
海门市	海门滨海建设区	2.70	2.70	建设
启东市	吕四大洋港外拓工程	1.90	1.00	建设
	吕四大唐电厂	0.95	0.95	建设
	吕四物流中心	0.88	0.88	建设
	滨海工业集中区	0.62	0.62	建设
	五金机电工业区	0.39	0.39	建设
	东海农业围垦区	1.00	1.00	农业
	启东寅兴垦区	1.00	1.00	农业
	广州恒大集团	0.94	0.94	建设
	合　　计	30.36	29.26	

依据南通市"十二五"沿海滩涂围垦及开发利用规划,围垦总规模 90.9 万
亩,远超过"十一五"。其中,第一阶段,2011～2012 年,围垦滩涂 33.05 亩;第二
阶段,2013～2015 年,围垦滩涂 57.85 万亩,实施园区式综合开发。

表 5-8 中的 A02、A03 和 A04 包括了如东最为重要的文蛤苗种产地,A05
包括启东产量最高的文蛤养殖地区。

表 5-8 南通市沿海滩涂围垦总体布局方案

编　号	岸段(沙洲)	面积/万亩
A01	南通与盐城海域行政界线"安台线"-新北凌河口	3.06
A02	新北凌河口-小洋口	8.73
A03	小洋口-掘苴口	12.5
A04	掘苴口-东凌港口	24.81
A05	腰沙-冷家沙	20.4
A06	遥望港口-塘芦港口	16
A07	塘芦港口-协兴港口	0.6
A08	协兴港口-圆陀角	4.8
总计		90.9

渔业无法给政府提供财政收入,对地方 GDP 的贡献也相对有限。沿海工
业除了可以为政府带来丰厚的财政收入以外,还能为地区 GDP 的增长提供巨
大推力。因此,沿海发展的中心从渔业转为工业不足为奇,但不能因此破坏了
海洋生态环境,影响文蛤养殖企业的生产和收益。

5.4.2 大规模死亡频繁发生

早在 20 世纪七八十年代,南通文蛤养殖区域几乎每年都会发生一定程度
的文蛤死亡。1988 年 9 月,如东东凌乡的文蛤成规模地死亡,疫情随即向西部
的新港、北渔地区蔓延,死亡数量达数千吨,启东的 20 多个文蛤养殖场也受到
波及。90 年代,文蛤大规模死亡的发生频率有所降低,规模有所缩小。但自
2004 年以来,文蛤大规模死亡的情况越来越严重,各项指标包括死亡的频率、数
量、规格和面积都呈现出上升之势。2004 年,文蛤病灾较为严重(表 5-9),主
要表现出以下几个特征:一是时间早,开始于 3 月下旬;二是时间长,发生死亡
的时间跨度长达 3 个月;三是区域广、规模大,从近岸滩涂养殖区、围网养殖区、种
苗培育区到辐射沙洲增养殖区,病灾总面积达 3.5 万亩,死亡率为 20%～80%。
据当地养殖人员和有关专家推测,发生死亡的主要原因是部分区域的养殖密度过
高(发病区文蛤的放养密度达 1000 粒/m²,自然状态下文蛤的密度一般为每平方
米几十粒至 200 粒或是每平方米 0.5 kg),加之文蛤产后体质瘦弱,导致病害发

生,继而引发二次污染和感染;有些区域底质较硬,水体交换不畅;另外一些区域也存在外源污染物流入养殖区;病原微生物的侵入导致文蛤大面积死亡。

表 5 - 9　2004 年文蛤病灾情况统计

时　间	地　点	面积/hm²	死亡率/%	主　要　原　因
3 月下旬	大洋港两侧吕四区域	27	20～40	密度过高(1～2 kg/m²)
6 月上中旬	新港、东凌	133	幼苗:50～80 种苗:15	小汛期的闷热气候, 底质硫化物含量较高
8 月至 9 月上旬	东沙	1333	30～40	病原微生物感染(推测)
9 月 7～15 日	吕四茅家港	533	20～40	密度过高(1.5 kg/m²),水环境污染
9 月中旬	长沙至刘埠	133	50～60	密度过高(2～3 kg/m²),自污染严重
10 月上旬	新港	200	20～30	环境变化

2006 年 10 月,如东和启东沿海再次出现文蛤大面积死亡事件,波及区域达 10 万亩,死亡量约为 1.7 万 t,经济损失超过 1 亿元。据初步调查分析,死亡原因主要有以下三点:① 养殖密度过大,达 2.5～3 kg/m²;② 气温偏高、水流偏缓,不适宜文蛤生长;③ 海洋水质环境不稳定。

通过分析 2004 年和 2006 年的情况可以发现,养殖密度过大是文蛤大规模死亡的重要原因之一,但是否为最主要的原因目前尚无法确定。

5.4.3　人工成本不断上涨

随着我国人口红利的逐渐消退及人民币的持续升值,养殖企业的人工费用支出不断上涨,无论是苗种还是成品的采捕费在过去几十年中都大幅上涨,企业的利润空间不断被压缩,经营出现困难。

5.4.4　价格涨幅较小

在近几年我国物价水平持续攀升的背景下,文蛤的出场价却几乎维持不变(表 5 - 10),意味着文蛤价格实际上较为疲软。

表 5 - 10　1970～2010 年成品文蛤销售价格

年　份	1970	1980	1990	2000	2005	2008	2010
销售价格/(元/kg)	0.04～0.06	0.2	0.8～1.0	4	4	6～8	6～8

在2007年以前,文蛤在国内市场的供给和需求曲线如图5-9A所示。近几年出口量大为减少,大量文蛤滞留国内,国内供给增加。另外,大规模死亡事件频发导致养殖企业对未来预期不确定,因而其更倾向于在条件允许的前提下尽可能快和尽可能多地销售文蛤,使得市场供给在短期内大幅增加。如图5-9B所示,供给从a增加到c,导致供求平衡点从A变为B,因而价格便会从E下降到F。供给的增加显著降低了文蛤的出场价,减少了企业的利润。

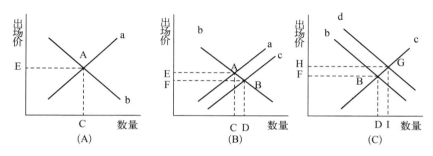

图5-9　南通文蛤供给需求曲线

因此,可以通过以下两种方法来提升文蛤的出场价:一是减少市场供给量,使得市场供给从目前的c减少到原先的a甚至更少,那么价格便可从F增加到E甚至更高;另一种方法是增加市场需求(如开辟新市场),如图5-9(C)所示,使市场需求从b增加到d,价格就能从现在的F增加到H。

5.4.5　市场竞争激烈

浙江省灵昆镇在20世纪70年代前尚是一片荒地,1982年在浙江省水产厅的支持下才开始试养文蛤。为了促进文蛤产业的发展,灵昆镇积极采取各项措施:帮助养殖户注册了品牌;实施了HACCP质量管理体系,有效地保证了文蛤产品的质量;开通了"中国文蛤网",全天候为养殖户发布市场供应信息;帮助龙头企业获取出口自主权,并巩固了国外市场。该镇已获得"中国文蛤之乡"的美名,并建成了"国家万亩文蛤园区",养殖面积已达2.45万亩、出口超过3000 t,已成为南通文蛤产业的竞争对手。除此以外,山东沿海也开始逐渐养殖文蛤,这无疑又增加了市场竞争的激烈程度。

文蛤还存在大量的替代品,包括菲律宾蛤仔、杂色蛤、西施舌等。对于把文蛤、菲律宾蛤仔等当作食物的人来说,它们的差别只有壳的颜色不同而已。因而一旦文蛤价格上涨,人们便会减少文蛤的购买量,而增加菲律宾蛤仔或者杂色蛤等贝类的购买量。因此,过多的替代品在很大程度上导致文蛤价格无法长期保持上涨。

参考文献

毛薇,吴君民,巫蓉. 2005. 从"供应链"、"需求链"谈对"供需链"的再认识. 江苏科技大学学报(社会科学版),5(4):22-26.

杨蕙馨. 2001. 集中度、规模与效率. 文史哲,(1):61-65.

第**6**章 重要经济贝类繁养技术

6.1 文蛤

20 世纪 70 年代开始,我国对文蛤人工育苗技术进行了研究,目前已经确立了比较成熟的种贝升温促熟培育、诱导产卵、幼虫选育与培育、单细胞藻类培养等技术体系。土池人工育苗在个别省区已取得规模化生产的成功。由于天然文蛤采捕过度,资源量下降,目前我国文蛤产品主要来自人工养殖,养殖方法有滩涂养殖、滩涂围网养殖和池塘养殖,已进行人工养殖的主要种类为文蛤和丽文蛤,年采捕量可达 35 万~40 万 t,江苏、广西、辽宁、浙江已成为我国文蛤人工养殖的四大产区。其中,江苏产量最大。

文蛤是我国传统的出口贝类,出口高峰时期约 90% 销往国外。目前,活文蛤和冻鲜文蛤是主要的出口形式。日本是我国文蛤出口的最大市场。输入美国、欧盟市场的文蛤以生冻或熟冻蛤肉为主;日本、韩国除了蛤肉外,生冻、熟冻带壳文蛤也有很大的市场。目前台湾地区出口以熟冻或生冻(带壳和纯肉)包装形式的加工产品为主,文蛤加工推动了台湾的文蛤养殖。

6.1.1 文蛤的苗种生产

文蛤苗种的来源途径主要有采捕天然苗、室内人工育苗和土池人工育苗 3 种方式。随着文蛤增养殖面积的不断扩大,苗种需求量激增,自然海区采捕的苗种已远远满足不了养殖生产的需要。目前仍以采捕自然苗为主,人工育苗为辅。

6.1.1.1 文蛤的人工育苗

1. 亲贝的促熟

选择个体健壮、性腺丰满、壳长 5~6 cm 的 3 龄左右文蛤作亲贝,置于水池暂养促熟。暂养期间水温控制在 23.0~24.5℃,早晚倒池换水。投喂等鞭金藻和小球藻等单细胞藻类,2 h 投饵 1 次,每次 1 万～2 万 cell/mL,或投喂代用品饵料。或繁殖盛期前,把文蛤吊养或蓄养于饵料生物丰富的低潮区、浅海或在土池、虾池中投放饵料生物,施肥培养饵料生物促熟亲贝。

也可在繁殖盛期直接在海区或养殖区挑选性腺肥满度好的成贝作亲贝暂养后催产。

2. 受精卵及其孵化

采用自然排放和阴干升温刺激两种方法诱导亲贝产卵。

将亲贝阴干 2～3 h,升温 3～6℃,再移回原海水中,亲贝便可排放精、卵。精、卵在水中受精。受精卵在水温 27.5～33℃条件下经 12 h 可孵化成 D 形幼虫,23.8℃则需要 20 h。

3. 幼虫培育

幼虫培育密度为 5～8 个/mL,培育期间水温控制不超过 26℃。投喂等鞭金藻和扁藻等,D 形幼虫期每次投饵量为 1.8 万～2 万 cell/mL,日投饵 3～4次,随幼虫的发育逐渐增加投饵量。幼虫培育中,充气、换水、清底、倒池及观测等操作同常规贝类人工育苗。

4. 附着变态及稚贝培育

在常规育苗条件下,受精后 6 d 进入附着变态期,幼虫大小约 234 μm×216 μm,面盘开始萎缩,停止浮游而转入底栖生活;幼虫的眼点不太明显;9 d 可完成变态,发育成稚贝。

受精后 6 d 需投放附着基采苗。一般都采用消毒过的细沙作附着基,经120 目筛选后均匀撒布于育苗池底,沙层厚 0.5 mm。近年来有些单位采用聚乙烯薄膜或网作为附着基,效果也很好。稚贝采用流水培育方法,投喂单细胞藻类。经过 40 d 培育壳长可达 1 mm 以上。为避免自身分泌黏液的危害,变态前投放 2～4 mm 的砂粒,控制密度在 50 万/m²,定期用 40 目筛网将砂贝分离,分离的稚贝再投入备有细砂底质的池中培育的效果较好。有条件的也可将眼点幼虫移至室外土池中采苗,以提高附苗效果。

6.1.1.2　文蛤土池育苗

在池内加细沙 10 cm;育苗前 5～6 d 每亩用漂白粉 15～20 kg 消毒底质,浸泡晾晒后翻松;加网滤水冲洗土池 1～2 次,加网滤水,加水至 50～60 cm 后接藻种,为亲贝培养基础饵料生物;催产前精养促熟,阴干 13～15 h 催产;受精卵孵化 15～20 h,循环流水,加网滤水至 90～100 cm;补充饵料施肥;浮游幼体培育每日加网滤水 10 cm;下沉变态后开始换水,并补充饵料及施肥;30 d 移苗疏养,30 d 稚贝每 1～2 d 换粗号网滤水 1 次,幼苗培育每 1～2 d 换水 1 次,施肥,直至达商品苗种。

文蛤土池育苗正值夏季高温期,其水质易败坏,浮游幼体培育密度不宜太大,一般掌握在 0.5～1.5 个/mL。投喂耐高温藻类,D 形期投喂量 1.8 万～2 万 cell/mL,壳顶期 3 万～5 万 cell/mL;前期等鞭金藻、角毛藻、云微藻混合投喂,后期可搭配塔胞藻和扁藻等。

6.1.1.3 采捕天然苗

采苗季节,在文蛤自然繁殖海区近岸含沙量较大、底质松软的高中潮区交界处能发现密集的文蛤苗,可以用筛子筛取法、踩踏滩面法、船耙法、挠刀法、蛤耙法、钩捕法等方法采捕文蛤苗。

6.1.1.4 文蛤大规格苗种培育

稚贝在室内育苗池经 30～40 d 的培育,可发育为壳长 1.0～1.5 mm 的幼贝,出入水管完全形成,形态特征基本与成贝相似。此时可把幼贝分批移出室外细沙底质的土池或滩涂暂养至商品苗种规格(壳长 1～1.5 cm),以供养殖所需苗种。采用室内水池流水培育、定期淘沙筛苗的方法,稚贝成活率较高,从壳长 1.1 mm 培育到 3.4～5.8 mm 的成活率可达 83.1%。每隔 1 个月对育苗池淘沙筛苗 1 次,用 60 目筛网将文蛤幼苗筛出,经充分洗涤后重新播苗培育,一般可先后进行 3 次。

6.1.2 文蛤的养成

6.1.2.1 文蛤养殖场地的选择

文蛤养殖场地的优劣与文蛤的生长、成活率、逃亡率有很大关系,因此要严格进行选择。其理想养殖场地应具备如下条件。

1. 海区风浪平静,潮流畅通

海区风浪平静,潮流畅通。最好在内湾,附近有小河流出口的海区,营养盐丰富,生物饵料量大。海水相对密度为 1.014～1.020,pH=8.0 左右。

2. 底质适宜

底质以细沙质或沙泥质,地势较平坦,埕地松软稳定,不结硬或不起浪沙脊的滩面,其含沙量 70% 以上为宜。

3. 养殖潮区以中低潮区为宜

潮下带虽然可以养殖文蛤,但干露时间短,敌害生物多,采捕和管理不便,防逃设施费用大。

4. 无工业污水及农药污染的海区

远离工业及生活污水排水口附近的海区。

5. 可池塘混养

符合文蛤生长生活条件的土池、滩涂、对虾养殖池也可进行文蛤养殖或虾蛤混养,可增加综合经济效益;池塘养殖文蛤,夏季水温太高时要增加水位。

6.1.2.2　防逃措施

1. 文蛤的移动方式

文蛤移动主要有 3 种方式:

第一种为壳长为 2 cm 左右或更小的文蛤,在大潮时被潮流冲向低潮区。第二种是壳长 3～5 cm 的文蛤,从水管分泌出无色透明的黏液带,漂浮于水中,借助于潮流的力量顺流而下,个体大的文蛤还能用足抬起贝体,贴着滩面顺流而行。此种迁移一般发生在大潮汛,当潮水退至 6 成,水深约 40 cm 时开始,潮水退至 7～8 成时最多。第三种是壳长 7～8 cm 及以上的大个体,分泌黏液少,主要靠斧足的伸缩在滩面爬行。文蛤有向木桩四周移动或养殖环境不适应时冒出滩面,随潮流移动至环境条件适宜处再次穴居的习性,俗称"跑流"。

防止文蛤迁移的主要措施是:① 选择优良的养殖场地,使之不迁移或少迁移,这是最经济、最有效的办法;② 设置防逃设施。

2. 防逃设施

(1) 拉绳:在埕地上打桩,采用棋盘式拉绳,或沿着埕地下方离埕面 5～10 cm 平行拉绳数条。以破坏文蛤黏液带和黏液囊。

(2) 拦网:用尼龙网或聚乙烯网分层围于埕地外向的中下部,网目分别为 1～1.5 cm,网高 60 cm,用桩固定。

(3) 插树枝:在埕池外离围埕 2～3 m 的滩上密插红树枝或小竹枝。

(4) 挖沟:在埕地外围挖一条宽 1 m,深 30～40 cm 的防逃沟。

6.1.2.3　文蛤播苗注意事项

1. 播苗季节

一般在春秋两季。因为这两个季节温度适宜,有利于种苗的采运和播苗后的成活率。

2. 苗种运输

采运苗种必须根据采运地点的路程,计算好潮水时间,及时运送到养殖区。运输时间不宜太长,苗种在气温 15～25℃,运输时间不宜超过 48 h,最好当天采捕、当天运输、当天播种,严禁太阳曝晒和雨天运输。采用筐或草包盛装文蛤苗,以"品"字形的方式垛起,切忌带水运输。运输时要轻拿轻放,避免机械损伤和互相撞击。运输途中死亡的苗种不能播种,以免互相感染,污染养殖埕地。

3. 播苗密度

视养殖区肥沃程度与种苗个体大小而定。放养在高潮区埕地,种苗个体应小些,放养量要少一些;放养在低潮区的种苗应大一些,放苗量应多一些。种苗体长在 2～3 cm 的,一般埕地播苗密度为 100 粒/m² 左右。

4. 播苗方法

有干播和湿播两种。干播即在涨潮前,将苗均匀撒播在整理好的埕地上。湿播是在涨潮时,潮水淹没埕地 80 cm 左右时,用船装苗,运至预先插好标志的埕地,然后均匀撒播,此法适用于大面积养殖。

6.1.2.4 文蛤生长影响因子

1. 温度

文蛤的生长与温度关系密切,水温在 10℃ 以下,文蛤停止摄食、停止生长。当水温上升至 10℃ 以上时,文蛤开始摄食和生长。水温上升至 35℃ 以上时,不但不摄食,且开始死亡。水温 20～25℃ 时文蛤生长最为迅速。

2. 生活潮区

文蛤的生长与其生活的城区高低有很大关系,养殖潮区太高,干露时间长,索饵时间短,生长就慢。生活在中下潮区和低潮区的,干露时间短,索饵时间长,生长比较快。因此蓄水养殖或虾蛤混养的文蛤生长快速。

3. 年龄和个体大小

文蛤的生长以 1～2 龄贝、体长在 4 cm 以下生长速度快。以幼苗阶段生长最迅速;以后随着年龄的增大,其生长速度逐渐变慢,体长达 6 cm 以上后生长缓慢。

4. 放苗密度

一般而言,密度大,生长速度慢;密度稀,生长快,但埕地利用率低。据台湾有关资料表明,养成区文蛤的净产量低于 1100 g/m² 时,文蛤个体的生长不受放养密度影响；当文蛤的净产量超过 1600 g/m² 时，文蛤的个体生长速度慢。

5. 养殖区的环境条件

除水温、养殖密度、年龄、生活期区外，饵料生物、流速、底质类型、海水密度、pH 等环境因素也会影响文蛤的生长。

6.1.2.5　文蛤养成管理

文蛤养成期间的日常管理工作，主要是防灾、防害、防逃等，因此养成期间应有专人管理，发现问题及时处理。

大风浪或台风暴雨后，要及时检查拦网是否倾倒或破损，发现问题要立即组织人力抢修，以免文蛤逃逸；发现有流沙或淤泥冲入场地，要及时清理，风浪冲滚使文蛤集中成堆，密度太大，要及时疏散，以免文蛤死亡；尤其是夏季湿度较高时，更易造成死亡；大潮汛期间文蛤也会被水流冲到拦网前堆积，应及时分散。文蛤的主要敌害生物有海鸥、海星类、蟹类、河鲀和蛇鳗等野杂鱼及玉螺、丝藻等；海鸥可用鸣枪办法驱吓，玉螺主要出现在 4～9 月，可用手捕抓，捞取其卵块效果更好。鱼类要用拦网或插竹等办法抓捕或驱赶。此外，应及时捞去养殖区内的丝状藻类。

6.1.2.6　文蛤滩涂围网养殖

文蛤养殖宜选择在风浪较小、底质稳定、潮流畅通且滩涂平坦的内湾。含沙量 60%～80%，不受河口暴雨洪水冲击污染的中低潮区沙质或沙泥底质滩涂。海水盐度在 15～30。避免紧靠河口建场，也不能选择有工业污水注入或受污水影响的海区。

放养前确实做好场地平整、清除敌害等工作，为文蛤生长创造一个良好的生态环境。

1. 围网设置

放养前用密网围起来（可用废旧渔网），用于防逃和暂养。主要包括：

（1）围网：一般采用双层围网。内层主要为防逃网，网片高 1 m，埋入沙内 25～30 cm，露出滩面 70 cm，网目较小（1.5 cm），长 10～20 m 为一条，上下网绳用直径 1～1.5 cm 粗的聚乙烯绳（图 6-1）。在主网场退潮方向外围设外层网，其高度在满潮线以上，约 2 m，网目为 4～5 cm，多用竹桩固定，起保护内层网和防止敌害侵入的作用。滩面平坦、稳定且文蛤迁移不明显的养成区，经过试验后可以不设外层网。

（2）木桩或竹竿：用于绑扎网片，防止倒伏。木桩或竹竿高1.5～1.7 m，插入沙层中0.6～0.7 m。

（3）网脚吊绳：网片系在上下网纲后，在埋入沙内的下纲上每隔1 m左右绑扎30～40 cm长的竹筒或木棍或者绑扎草把，连同网纲埋于25～30 cm深的沙层内，以防止网片受风浪冲击后上浮。

围网养殖面积大小不等，视苗种数量多少而定。一个主网场内可设若干小格，每一小网场以1～2 hm² 为宜。

图6-1　防逃网设置

2. 隔断绳设置

隔断绳用以阻止文蛤在养殖区的长距离移动，使之较均匀地分布。在养殖区内，将长65 cm的木桩插入滩面50 cm，然后把直径为0.1 cm或6股的聚乙烯细绳成直线栓于桩口、纵横交错成大网状结构，隔断绳距离滩面高度为3～5 cm。

3. 苗种放养与管理

（1）放养时间：一般在9月至翌年4月。

（2）苗种运输：应尽量避开高温时运输。壳长2～3 cm的文蛤苗，在夏季气温较高时，离水干燥16 h便全部死亡。在夏秋季运输时，应利用早晚阴凉时间运输，苗种用筐或草包包装，途中用浸过海水的草袋遮盖，避免日晒和风干。也可用低温保温车运输，苗种运回养殖区后及时组织人员放养，以提高播苗后的潜滩率。

（3）放养密度：放养密度要视贝苗个体大小、海区饵料和敌害状况而定。一般每亩可放养壳长1 cm的贝苗10～20 kg；壳长1.5～2.0 cm的贝苗可放养100～150 kg；壳长2～3 cm的贝苗可放养1000～1500 kg；壳长3.5 cm的贝苗，可放养 2000～2500 kg。

（4）养成管理：首先要做好围网的安全维护工作。每天检查围网及隔断绳是否完好，特别是台风前后要及时修补网片并清理围网上的附着物。其次是文蛤移动性较大，尤其在大潮期或大风浪后成堆，极易造成死亡；应及时将隔断绳下面和围网基部过密的文蛤疏散，有利快速生长。再次是要防盗。配备值班人员和船只看护养殖场地，防止文蛤被盗。还要清除敌害；养殖区内常有扁玉螺、海星、章鱼、蟹类等敌害生物，是文蛤的天敌，要经常检查、及时清除。最后是要做好日常水温、盐度、水质等的监测记录并定期测定文蛤的生长状况。把已经达到商品规格的文蛤采捕后集中暂养在围网内。注意台风等气候重大变化，及早采取措施，加以防范。

（5）病害防治：文蛤围网养殖过程中常出现大批死亡现象，它有明显的季节性、区域性和流行性等特点。尤其夏季正值文蛤的繁殖季节，个体体质虚弱，天气闷热、高温、多雨、大浪等环境因子都会引起文蛤的死亡。死亡文蛤腐烂污染滩面和水质，相互感染而引起相继死亡。据研究，从患病文蛤内脏块中已检出溶藻弧菌、弗尼斯弧菌、副溶血弧菌、腐败假单胞菌等多种病原微生物。

防治方法主要有：① 夏季高温多雨期间，由于气压低会造成文蛤大批死亡，尤其是在潮位较高的海区，宜将文蛤向低潮区疏散移养。② 围养场因网片阻水、滩面升高、底质变硬、贝壳腐殖质增多，不利于文蛤潜居。最好养殖超过 2 年后更换新的场地或采取翻耕场地、曝晒冲洗等措施。③ 掌握合理的放养密度，文蛤采摘与放养间隔时间不宜过长，养殖场地堆集的文蛤要及时疏散，发现滩面上"浮头"和死亡的个体要及时清除。

6.1.2.7　文蛤池塘养殖

近年来，文蛤池塘养殖发展很快，由于池塘内水质肥、残饵多，受气候、潮流、海况变化影响小，文蛤生长的生态环境优越，所以，其生长速度远较滩涂养殖快、肥满度高、效益好。

文蛤养殖对池塘的要求不高，一般的虾塘都能进行混养。如与对虾混养，文蛤的面积占整个虾塘面积的 30%～40%。计划当年放养、当年达到出口规格的，可放养大小为 100～120 粒/kg 的文蛤苗种。

1. 苗种放养前的准备

（1）清淤除杂：虾蟹起捕后，虾塘即进行曝晒。每年 2 月中旬前，要做好清淤除杂(杂草、杂藻等)工作。凡有杂草、大型绿藻(特别是浒苔)及含腐殖质、硫化氢等有害物质的滩涂,均不利于文蛤生长,必须在放养前彻底清除。放养前应对池塘进行全面消毒、杀菌,采用生石灰(1500 kg/hm² 水面)和茶籽饼(1500 kg/hm²水面)进行双重消毒清理。池塘消毒后,选择底质较硬的滩面进行平整、铺沙(最好选择靠近环沟的滩面,并做畦,畦宽 4～5 m、高 25～30 cm),铺沙面积占池塘总面积的 1/4～1/3。

(2)翻耕滩涂,培养基础饵料:选定养殖文蛤的滩涂可采用犁、锄或机械等工具将滩涂翻耕 15 cm 左右,以利于文蛤穴居。经过翻耕后的涂地,要划块开沟,做成一垄一垄的畦田。畦宽 3～3.5 m,畦长 15～20 m;畦沟略有坡度(向环沟或中间倾斜),以利排水。畦涂面做成马路形,以减少淤泥淤积。畦田建造后,必须对畦面进行平整,用细齿钉耙,将泥块捣碎、耙松、耙细。

(3)肥水:清塘后,在准备养殖文蛤的畦田上最好施上一层鸡粪。或施5％的发酵人粪尿,以培养底栖藻类,利于放养文蛤苗种的摄食。进塘水 30 cm 左右,覆盖全部滩面,进行水体施肥。一般首次用氮肥 2～4 g/m³ 水体,磷肥 0.2～0.4 g/m³ 水体,以后隔 3～5 d 再增施追肥一次。待塘水透明度达到 30～40 cm时,水色转变为黄褐色或淡褐色时为止。

上述工作要在 2 月底或 3 月上旬做好。

2. 苗种选择、运输

放养的文蛤苗应是壳体完整、色泽鲜明、双壳紧闭、个体肥实、大小均匀、无杂质的优质苗,最好选用海滩上野生小文蛤作为苗种,其次是虾塘混养的小文蛤。

长途运输文蛤苗种从苗种起捕到苗种入塘放养之间时间越短越好。最好用编织袋或麻袋装运文蛤苗,袋口要扎紧压实,这样可防止文蛤开壳吐水,影响活力。装运期间要轻放轻压,一般每袋 40 kg 左右。苗种运到后,尽快入池养殖。

3. 苗种放养

投苗应该尽量选择阴天、黎明或黄昏,特别在气候炎热、苗种规格又小时尤为重要。投苗要均匀撒播,切忌成堆。规格 100～120 粒/kg 的苗种,投放量掌控在 7500～10 500 kg/hm²。文蛤养殖面积少于虾塘总面积 1/4,投苗量可酌情增加,养殖文蛤面积大于池塘面积 1/3,应酌情减少投苗量;小苗规格 600～

1000 粒/kg 的投放量不宜超过 3000 kg/hm²。文蛤苗种放养以整塘计算为 3000～3300 kg/hm²,以实际养殖面积计算为 6000～7500 kg/hm² 为宜。

文蛤苗种放养一般有露滩播苗法与浅水播苗法两种。

4. 养成管理

(1) 水温水质监测:每天早上(6:00)和下午(14:00)测量水温,并且观察水色。池塘蓄水养殖时视水质换水,池内的 pH 应控制在 7～8,溶解氧要达到 4 mg/L 以上,水色应以保持较理想的黄绿色为主,透明度控制在 20～40 cm。

(2) 定期取样测量:每隔半个月取样一次,测量及观察其生长情况。如发现密度过大或局部发现成堆的文蛤要时疏散放养。只要环境适宜,文蛤一般很少迁移。

(3) 饵料管理:主要是培养塘内饵料生物量为主。早春采用鲜小鱼虾浆全池泼洒,肥水及增加池塘有机碎屑量;夏秋季晴天利用复合肥、有机肥肥水;晚秋、冬季采用豆浆全池泼洒投饵。

(4) 病害防治措施:目前虾池养殖文蛤的"水肿病"主要由弗尼斯弧菌及其他菌交叉感染所致。每隔一个月采用生石灰(150 kg/hm²)或二氧化氯(2 kg/hm²)等药物进行水体消毒杀菌及疾病预防。发病后用漂白粉 0.5～1.0 g/m³ 和二氧化氯 0.3～0.5 g/m³ 全池泼洒,隔日一次,一般 3～4 次即可见效。

(5) 敌害清除:拦挡敌害后、防止逃逸的拦网一般高 1.2 m,埋入滩面 0.2 m,但必须经常检查,发现倾倒或破损要及时修理。每次排水后,应仔细检查滩面有没有青蟹、虾虎鱼等敌害侵入,一旦发现应及时进行人工捕捞或用漂白粉清杀;由于文蛤对茶籽饼敏感性强,不能使用茶籽饼清鱼。

(6) 防止滩面浒苔等有害藻类滋生:正规半日潮的海区,池塘养殖文蛤每隔 15 d 换水一次,换水时让滩面干露 1～2 d,冲入场地的淤泥要立即清理,以有效防止滩面浒苔滋生。特别是春、秋季,文蛤滩上极容易生长浒苔,应人工清除或药物清杀。

6.1.2.8　文蛤的增殖

1. 移植

在底质环境适宜,不受洪水影响的中低潮区移植放养文蛤,壳长 1 cm 的蛤苗每亩放养 150～200 kg,壳长 1.5 cm 的蛤苗每亩放养 100～150 kg;及时做好滩面平整和清除敌害等工作。

2. 封滩增殖

文蛤繁殖季节,建立文蛤保护区。文蛤苗种常栖息在较高潮区,将高潮区的下段和中潮区上段划定为苗区,实行封滩护养;将中潮区下段和低潮区划为养殖区,采取捕大留小等措施,保证在相当长时间内能获得较大的文蛤产量。

6.1.3 文蛤的暂养

文蛤出口季节性强,规格质量要求高,交货时间、数量都有严格要求。入冬后文蛤潜居较深,采捕困难,还受潮汐、天气变化等因素影响,往往很难在短期内满足客商的需要。为了在短期内提供足够数量的活体文蛤,生产单位和经营部门一般将适宜条件下采捕的文蛤收购后集中暂养。暂养方法多采用滩涂围网暂养和池塘暂养,经过 7～15 d 的暂养,成活率在 95% 以上,经济效益可增加 30% 左右。

6.1.3.1 滩涂围网暂养

暂养地点选择基本同养殖地的选择,但风浪大、底质不稳定的海域文蛤迁移性大,成堆次数多,疏散时会影响文蛤的光泽、鲜度和肥满度,该类海区不宜采用。暂养地点以中潮区的中部为好,便于管理和采捕。一般不在以前暂养过的地方选点暂养。

用聚乙烯合股线(3×3)的聚乙烯网或直径 0.5 mm 的尼龙丝编织的网片,网片高 1～1.2 m,网目 2.5～3.5 cm,10～20 m 为 1 条,用直径为 3～5 cm 的聚乙烯绳作上下网纲绳;每隔 3～4 m 插一根高 1.5 m 的竹梢以固定网片,插入砂中 0.6～0.7 m。网脚吊绳一端系在下纲,一端绑扎草把或竹筒埋于砂内,以防止网片受潮汐冲击后上浮。网场内设若干 1～2 hm² 的小格,在主网场退潮方向外围设有外套网(安全网)以防文蛤逃跑,网间距为 10～15 m。文蛤进网场暂养的时间与密度要根据海水温度确定,一般在海水表层水温为 16～25℃时的 10 月下旬至 11 月中旬进行,每亩放养 1.5～2.0 t,最高可放养 15 t。水温低,病害死亡和跑流的文蛤少,回捕率高。

暂养期间要做到防偷、防逃,及时修补网片,防网片上浮,防倒伏,及时清除附着物和敌害生物;大风浪后要及时疏散成堆的文蛤,清理网脚边堆积的文蛤,及时清除露出滩面的病弱文蛤或死文蛤,以免污染底质和相互感染。

6.1.3.2　池塘暂养

在取水方便的盐场、虾场纳潮沟附近,进排水、交通运输方便的地方建池,长方形池大小 $1\sim2\ hm^2$,池埂宽 1 m,池深 0.7 m,控制水深小于 0.5 m;池底平坦,倾斜度 5%左右,池形东西走向,用水泥板、塑料板或砖结构护坡防止塌方和泥沙流入。池底铺设 $20\sim30$ cm 的细沙,经碾碎、耙平,使底质松软,便于文蛤潜居。为了提高文蛤成活率,提高出水速率,在砂层下面往往还有一层 30 cm 碎石,碎石下铺设多条上面布满孔眼的塑料排水管道,各管口聚集于池塘的排水处;池塘进排水系统齐全。

暂养主要管理措施如下。

1. 抓好文蛤的质量关

采捕的文蛤及时运输到暂养场,均匀放养,剔除破碎或死亡的文蛤,去除其他杂贝。

2. 及时放养

远到的文蛤要及时均匀放入暂养塘内,然后再进水。

3. 暂养时间

暂养时间一般不超过 15 d,根据贸易状况随时取捕出口或内销。水温高时,暂养时间适当缩短;水温低时,可暂养 $1\sim2$ 个月。

4. 暂养密度

根据水温高低,每亩可暂养文蛤 $2\sim10$ t。

5. 水质调节

水深多在 50 cm 以下,暂养期间需定期换水,保持水质新鲜,补充饵料;及时捞去表面泡沫、有机排泄物和上浮的藻块;及时捞去青苔。水温 10℃以下可隔日换水 1 次,$10\sim25$℃时每日换水 1 次,高于 25℃时一日 2 次。有条件的可采用循环水,水深保持 30 cm 以上;或引进虾池肥水暂养文蛤。

6. 池底曝晒消毒

取捕完文蛤后,及时清除池底死贝壳及其他杂物,池底表层的细砂需要更换;使用多次后整个池底的砂要彻底翻松、曝晒。让文蛤排泄物充分分解,以保持池底清洁。

7. 防冻

北方地区在封冻以前池塘内必须加足海水。

池塘暂养文蛤不受潮汐、台风、高温、多雨等天气状况的影响,起捕方便,文蛤成活率高,肥满度好,管理方便,利于防病。

6.1.4 文蛤的收获

6.1.4.1 采捕方法

文蛤壳长达 5 cm 以上时便可收获。除繁殖期外,其他季节均可采捕。一般采捕盛期在春秋两季,春秋季天气凉爽,易于储运保存。若有速冻加工设备则不受气候限制。主要采捕方法有以下几种。

1. 脚踩捕蛤

潮下带浅水区的文蛤,可下水脚踩,碰到文蛤后拾取。操作方便,但采捕效率不高。

2. 锄扒文蛤

潮间带浅水区用耙具采捕;养殖密度较大的场地和文蛤暂养池,多用锄头扒沙取蛤,采捕效率高。

3. 石碾压蛤

退潮后,一人拉着石碾在滩面上走,文蛤受压后向滩面喷水,另一人在喷水处挖取。

4. 打桩采捕

低潮区每隔 1.5 m 打上一根粗 4~5 cm,长 65~70 cm 的木桩,经过一定时期后,文蛤集中到木桩周围约 30 cm 的半径内,再人工采挖,耙具耙捕,捕捉方便。

5. 机船拖网采捕

适用于潮下带文蛤的收获。在枯潮时,在刚能漂起船身的浅海拖网前进,由于螺旋桨激起的强大水流,把文蛤连同泥沙一起冲入拖网内,泥沙从网眼中漏出,文蛤留于网内,此法采捕多数是壳长 5 cm 以上的文蛤,有利于资源保护;但此法受潮水及水深的限制,作业时间和范围均有一定的限度。

6. 卷缆拖网采捕

采用收卷铺缆的方法,使船和拖网前进,每船可带 2~4 个底拖网。不受潮汐和水深的影响。需设置一条长锚缆和收卷锚缆的卷扬机。拖网时,抛铺于海底,放松锚缆,让船顺流或顺风而下,至锚缆放尽时,将拖网投入海底,然后开始收卷锚缆,带动船和网前进,至收完锚缆时起网取蛤。再重新松动锚缆,让船再一次倒退,并利用尾舵调整船位,离开上次拖网的地方,再次投网拖取。如此反复多次,待拖遍锚缆所能达到的范围内,再起锚调换新的位置。

6.1.4.2　吐砂和包装

文蛤生活于含砂量高的底质环境中,其外套腔和消化道内含有细砂,影响产品质量,文蛤销售前往往需要经过"吐砂"处理。吐砂的方法很多,通常将文蛤放在吐砂槽内流水饲养,或在水池中暂养;也可将文蛤装入网笼或箩筐内垂挂于浅海或池塘的浮筏下,在水温 20～28℃ 条件下,约经 20 h 暂养即可将体内砂吐净。

吐砂完毕后,用海水洗刷干净,沥水,剔除杂质、碎壳或破壳的个体,然后按不同规格分开称重包装,每包文蛤 20 kg。出口文蛤的规格分为一等品、二等品、三等品和四等品 4 个等级(表 6 - 1)。

表 6 - 1　出口文蛤的等级标准

出口文蛤	20 kg 包装	出口规格(壳长/mm)	说　明
四等品	800 粒左右	<5.0	生长周期相对较短
三等品	500～600 粒	5.0～5.5	生长周期比较长
二等品	400 粒左右	5.5～6.5	占整个产量的20%
一等品	250～300 粒	6.5～8.0	生长周期最长

6.1.4.3　运输

文蛤运输多用空调车干运。如不用空调车运输,气温高的季节应在晚上运输,并在文蛤的底部和上面加冰降温,每 25 kg 文蛤加冰 2 kg;寒冷天气要保温防冻。尽量缩短运输时间,出口文蛤从采捕到出口港的运输时间应控制在 3 d 以内,以免影响文蛤的成活率。

6.2　青蛤

青蛤,俗称石头螺、牛眼蛤、黑蛤、墨蚬等,是我国沿海常见的经济贝类。青蛤肉味鲜美、营养丰富,含有多种人体所需的营养元素,其中铁含量高达 194.25 mg/kg,是毛蚶的 3 倍多。中医认为其有软坚散结、清热化痰之功能,主治虚症、咳嗽气喘、胸肋胀痛、咯血、崩漏带下,对治疗小儿麻痹有一定疗效。

青蛤是深受群众欢迎的优良海产贝类,市场需求旺盛。其生态适应性强,栖息稳定、水平移动范围小,生长快、产量高,生长两年即可达到商品规格,是一种理想的底栖贝类养殖对象。

6.2.1　青蛤的苗种生产

青蛤的苗种生产主要有半人工采苗、室内人工育苗和土池人工育苗。

6.2.1.1　半人工采苗

根据青蛤的生活史和生活习性,可在繁殖季节利用人工平整滩涂或纳潮进入高涂围塘的方法获得变态附着的幼虫,使之发育生长从而获得青蛤苗种。

采苗季节一般选在当地海区的青蛤繁殖盛期。海区要求水质清新、饵料丰富、潮流通畅、滩涂平坦的中潮区地带、中高潮区处港汊及围塘,底质以泥沙质为宜,并在采苗前做好苗埕内的敌害生物清除工作。

6.2.1.2　室内人工育苗

1. 亲贝的选择与催熟暂养

于自然繁殖季节前到潮间带中低潮区选择壳表完整、活力强、性腺发育好的 2 龄、3 龄青蛤。装运要轻,避免曝晒和碰撞,尽量缩短露空时间,不可冷藏。

海水相对密度 1.013～1.024;水温 21～26℃;pH 7.5～8.5;溶解氧不低于 5 mg/L;充气培养。每天彻底换水一次。换水后投喂饵料,饵料生物量不低于 30 万个藻细胞/mL 水体,饵料以海区的“油泥”或工人培养的微藻为佳。

2. 诱导催产

双壳类育苗人工诱导催产方法有流水刺激、阴干、升温或降温、电流刺激、改变盐度、改变光照、改变 pH、紫外线照射、注射化学药品及精液诱导等。

青蛤催产较好的方法为:亲贝阴干 3～5 h,遮光充气 2～3 h,再升温至 26～31℃,可使亲贝集中大量排放精卵。

3. 受精卵清洗和上浮幼虫优选

通过人工诱导获得的受精卵要经过 3 次以上的清洗,去除多余的精液和发育不良的卵,选留沉淀较快的受精卵进行孵化。

在 26.8℃水温条件下,受精卵经 15 h 左右的孵化进入原肠期,逐渐上浮水中,成为 D 形幼虫,此时应及时吸取或用 300 目筛绢网拖取上浮早、浮游活泼、壳缘圆滑、纹合线平直、生长一致的幼虫移入另外的培育池中培育。

4. 幼虫的培育

D 形幼虫的放养密度控制在 10～15 个/mL 水体(表 6 - 2)。D 形幼虫消化道已经形成,应在换水后及时投喂饵料。饵料可用金藻、角毛藻、小球藻等藻液混合投喂,前期投喂量为 1 万～2 万个藻细胞/mL 水体,后期可增至 6 万～9 万个藻细胞/ml 水体。

每天早晚各换水 1/2;培育池保持充气状态。3 d 后幼虫长出初生足,变为匍匐幼虫,面盘与足交替运动,然后面盘逐渐萎缩退化,靠足匍匐爬行,由浮游生活转为底栖生活,此时幼虫容易在池底堆积,因密度过高而缺氧死亡。因此,此时必须适当加大充气量。培育用水需经沉淀、过滤或其他消毒处理。培育阶段适量使用抗生素,以抑制水体中细菌的繁殖。

表 6 - 2　不同培育密度下青蛤幼虫的生长情况

组别	密度/ (个/mL)	幼虫平均大小/μm			平均日增长/μm		存活率/%
		8 月 3 日	8 月 5 日	8 月 7 日	8 月 3～5 日	8 月 5～7 日	
1	6	107×88	119×111	134×119	6.2×11.5	7.8×4.1	62.4
2	11	107×88	117×104	135×127	5.3×8.2	9.0×11.5	62.5
3	16	107×88	115×100	125×116	4.1×6.2	5.3×7.8	49.4
4	22	107×88	118×108	125×116	5.7×10.3	3.7×3.7	49.5
5	27	107×88	114×103	126×111	3.7×7.4	6.2×4.5	31.0
6	30	107×88	113×94	121×107	3.3×3.3	4.1×6.6	39.2

5. 稚贝的变态及培育

水温控制在 35℃以下;土池底泥的粒径在 110～450 μ;pH 为 7.5～8.5;海水相对密度控制在 1.010～1.020。

变态期保持水质清新,加大换水量,流水或充气培养,投喂足量适口饵料,保持适宜密度(30 万～50 万个/m²)。

幼虫经过 3～5 天的培育,待发现幼虫有下沉现象、大多幼虫有初生足出现时,及时将幼虫移到附着池,以便及时附着,进行稚贝培育。

移苗前一天,水泥池中进水 1 m 左右,然后铺设附着基,附着基主要为经过充分晒干的软质池塘底泥,用量为干重 200～300 g/m²,先用海水浸泡,待底泥充分溶解,装入 120 目筛绢网中,在池中来回均匀晃动筛绢网,加大池内充气量,将底泥在池中充分铺匀。半小时后关闭充气,静置一个晚上后待用。

第二天将池中注入饵料,将苗用筛绢网长袋收集后,放入池中,控制水温 28℃,相对密度 1.013 左右。每天换水一次,每次换水量为一半,换水后施用 5 g/m³ EDTA 和 1 g/m³ 土霉素。3 天倒池一次,先用 250 目筛绢网收集上层还未附着的幼虫放入新池中,然后用水管将底层已附着的稚贝充分漂洗后均匀泼洒在新池中。泼洒后注意用清水充分冲洗附着在池边缘及池中绳子上的稚贝。

幼苗充分附着后,可将其倒入池水深度在 40 cm 的铺有软质底泥的水泥池中,换水方式为直接半量排水,然后加注新水。每隔 3~5 d 倒池洗苗一次。倒池时先将池水缓慢排干,再用水管将底泥连同稚贝一起充入 120 目筛绢网袋中。接苗时要充分晃动筛绢网袋,将底泥充分滤除。

收集好的稚贝要经过漂洗和规格筛选,将不同大小的稚贝分开培育,剔除发育较差稚贝及死贝。注意洗苗时要轻缓,防止稚贝贝壳破碎。

6. 大规格苗种培育

可在高涂围塘或堤内围塘进行培育。围塘面积长方形,分为一级、二级、三级培育池。一级培育池面积以每只 300~500 m² 为宜,以软泥底质为宜,以利于刮苗筛洗;二、三级培育池以每只 2~5 亩为宜。蓄水深度均为 40 cm 左右底质以沙泥质为宜;各池塘要求配备完善的进、排水系统。

在苗种投放前,要对底质进行细致的粉碎、耙耘、平涂处理,保持底质松软、畦面平坦,以利于青蛤幼苗的潜居和管理。

将稚贝移入一级培育池,培育开始时以投放 50 万粒/kg 的规格为宜,投放密度可控制在 6000 粒/m² 左右。苗种较小时可采取浅水(10 cm 左右),带水泼洒,苗种较大时则要使苗种分布均匀。

当苗种增长到一定规格时必需适时疏散分养。在实际生产中至少刮苗、筛选、疏分三次。二级培育池密度以 3000 粒/m² 为宜;三级培育池培育密度在 800 粒/m² 左右。

在培育池附近开挖适宜规模的池塘,定期接入藻种,施肥肥水或在池中放养适宜数量的鱼类,利用残饵及鱼类排泄物肥水。视需要在池中配置适当功率的增氧机,促进水体交换和饵料微藻的生长。饵料池有管道或渠道与各苗种培育池进水系统相通。培育前期水体单胞藻密度为 5 万个/mL,逐渐增加至 10 万～15 万个/mL。若连续阴雨使单胞藻繁殖受到影响,则每天补充 0.5～2 mg/L 代用饵料,海洋酵母、鲜酵母、豆浆等均可。

高温季节可采取利用池埂搭棚架,上覆苇帘遮阴或增加水流量等办法,使水温控制在 35℃ 以下。海水相对密度控制在 1.010～1.020 为宜。在大暴雨前加满围塘的水位以防盐度剧降。在外源海水相对密度也很低时,可采取加入盐卤的办法来调节。

7. 起捕与运输

当青蛤苗种长至 1000 粒/kg 左右时即可起捕,作为增养殖苗种。放干培育池水,采用铁钯、小铁锹翻土,连泥带贝装入网袋中,用海水冲去沙泥。运输时需将袋口扎紧,保持湿润,避免高温及长时间阴干。运到成贝养殖滩涂或池塘后要尽快均匀播入水中。

6.2.1.3　土池人工育苗

土池人工育苗是模拟海区的自然状况,人为创造条件,满足青蛤繁殖阶段不同环节的生态要求,从而达到使青蛤在土池内自然繁殖的目的。

1. 场地选择

兴建育苗场,必须对当地的潮汐、水流、水深、底质、盐度、温度、pH 及饵料生物、敌害生物、青蛤资源和繁殖期等进行全面的调查,并结合交通、生活条件综合考虑。土池底质以沙泥质为宜,土池大小 3～4 亩,池深 1.0 m 左右,可蓄水 0.4～0.6 m,池堤牢固,不漏水,坡度 1:2,设有独立的进排水系统,清池、翻晒、耙松、浸泡、整埋,保持池底和堤坡内侧平滑。水质必须清新,不含泥沙,相对密度为 1.010～1.020,pH 为 7.5～8.5,培养基础饵料时,施肥要适量,水色要适中,淡黄绿色最好。

2. 亲贝选择与诱导排放

亲贝好坏关系到育苗的成败,繁殖高峰期应抓紧时机,选择新鲜适龄青蛤,作为育苗亲贝。装运要轻,不可剧烈颠簸,尽量缩短露空时间,更不可冷藏。在充分掌握性腺成熟的情况下,将亲贝放在通风阴凉的地方,阴干一夜后,均匀撒播在水闸门附近,每亩投放量 100～150 kg,经过温差和流水的刺激,再加上性细胞相互诱导 1～2 d,可达到排放高峰。从整体来看,池内亲贝是不断成熟、不断排放的,大汛期排放量大。一般情况下,培养 3 d 即开始附着。在繁殖高峰期,如发现池内 D 形幼虫数量减少,可采取傍晚排干池水,清早进水,促使亲贝再次达到排放高峰。

3. 幼苗培养

育苗前期,池水只进不排,提高水位,保持理化因子的稳定,后期大排大灌,控制水深,加速硅藻繁殖和稚贝生长。每天定时测水温,采水样,计幼虫数量、个体大小和胃肠饱满度。不定期检测盐度、pH 和溶解氧,如发现幼虫和稚贝呈饥饿状,应及时泼撒尿素和过磷酸钙肥水,一般在 1~2 mg/L,切不可过量。单胞藻密度在 5 万~15 万个/mL 可满足育苗的要求。

4. 敌害防除

育苗期间,主要敌害有球水母、轮虫、桡足类、杂鱼、虾、蟹、螺、砂蚕等,它们不仅与 D 形幼虫争食,还吞食幼虫和稚贝;浒苔等大量繁生,覆盖水面和池底,影响幼虫变态和附着,也妨碍了稚贝正常生长;杂藻大量繁生,死亡后腐烂变黑,污染水质和底质。因此,育苗前清池要彻底,用含量 28%~30%漂白粉制成浓度 100~600 ml/L 漂白液泼洒消毒。如发现池内混有杂鱼和小虾,必须及时清除。浒苔等要即时清除,防止蔓延。

5. 洗苗和移养

稚贝密度过高影响生长。10 月,稚贝一般长到 0.2~0.5 cm,应在冷空气到来之前抓紧移苗。这时水温适宜,幼苗活力强,移出后成活率高,容易潜居。水温 13℃以下,稚贝不大活动,对移苗不利。洗苗时,刮取表层泥沙,放于 40 目筛绢网中筛选冲洗,然后带水均匀泼撒到新养殖池塘或滩面。条件适宜时,翌年 5 月稚贝将长到 2 cm 以上。

6.2.2 青蛤的养成

6.2.2.1 滩涂养殖

选择潮流通畅、水质清新、底栖硅藻丰富、软沙泥底的中低潮区滩涂,海水相对密度 1.010~1.025,pH 7.5~8.5。

选择 1000 粒/kg 左右的大规格苗种,播放密度为 30 粒/m² 左右。及时清除养殖滩面上的鱼类、蟹类、螺类等敌害生物,台风季节发现青蛤堆积要及时疏散,做好防盗工作。滩涂养殖青蛤可采取轮捕轮放的形式,及时收获达到商品规格的青蛤。在退潮时采用耙、锹翻挖,手拾、叉拾等方法收获。

6.2.2.2　高涂围塘及堤内围塘养殖

1. 池塘条件

池塘的结构以能提供青蛤良好的生活环境为原则,一般以长方形为好,面积 30～60 亩,可蓄水 1 m 左右,进、排水方便。

池塘底质以沙泥质为宜。在苗种投放前要清除淤泥、杂物,翻耕池底 20～30 cm,消毒曝晒后碾碎、耘平,使底质得到消毒、改良,利于青蛤钻栖。清池消毒常用生石灰、漂白粉等。海水相对密度 1.010～1.025,pH 7.5～8.5。

2. 基础饵料培养

为使池塘养殖的青蛤能及时摄食到充足的饵料,应在池塘消毒处理后及时施肥,培育基础饵料,再播撒苗种。常用的肥料有鸡粪、牛粪及无机肥。每亩可施发酵鸡粪 100 kg 左右。若自然海区水质较肥,单胞藻饵料丰富,可适当减少施肥量。

3. 贝苗投放

选择投放 1000 粒/kg 左右的大规格苗种。根据池塘条件,播苗密度可达 50～100 粒/m²。

4. 日常管理

青蛤是固定被动摄食的。池塘若换水少,水流动慢,青蛤的大量摄食会引起局部缺饵。若加大换水量,局部缺饵的情况就可得以改善。因此,养殖过程中特别是中后期要勤换水,使养殖水体保持动态平衡,突出一个"活"字。

在自然海区水质较瘦时,可能会造成单胞藻类饵料的不足,这就需要根据具体情况适量施肥培养基础饵料以利于青蛤的生长。

青蛤的生长存活与水温密切相关,在适温范围内生长速度随水温上升而加快,但水温过高、过低都会导致其生长不良甚至死亡。可以通过加大水流量或提高池水水位的方法调节,稳定池底层的水温。

养殖水体的盐度对贝类的生长存活亦有相当影响。在大暴雨前可通过提高池内水位来稳定池塘底层海水的盐度,以防盐度剧降而对青蛤造成不良影响。

进池海水经过网拦过滤防止虾虎鱼、蟹及玉螺等敌害生物进池,若发现则要及时消除。及时捞除池内的水云、浒苔,以免其过度蔓生而对青蛤造成危害。

5. 收获

当养殖青蛤达到商品规格后,放干池水进行翻拾。未达商品规格的青蛤要及时放养到预先准备好的养殖场地继续养殖。

6.2.2.3　盐田及盐场蓄水库增养殖

根据青蛤的生态、生殖习性,利用盐田、盐场蓄水库的现有设施条件进行增养殖在近年来取得了较大的进展。

1. 环境条件

水质清新、水流畅通,水体中饵料生物丰富,底质以沙质或沙泥质为宜,海水深度 30~50 cm,相对密度 1.010~1.025,pH 7.5~8.5。

2. 日常管理

根据盐田条件决定播苗密度,控制在 30~70 粒/m²。及时清除养殖区域的敌害生物。实行轮捕轮放。6~9 月为繁殖保护期,全面禁捕,平时采取定时、定区、限量采捕,捕大留小,促进青蛤增殖。

6.2.2.4　生态养殖

1. 虾贝混养

利用对虾养殖池塘底播青蛤苗种进行养殖。一方面对虾的残饵和粪便等可提供给青蛤丰富的基础饵料,另一方面虾池较稳定的水质因子可提供青蛤适宜的生长环境。

混养的青蛤一般在虾苗投放前播种。青蛤苗种的投放密度依池塘条件而定。如果虾塘的生态调控能力强,可承载较大密度的虾,投饵多,初级生产力高,青蛤的放养密度可大些。反之,就应当放低青蛤苗种投放密度。虾池较高的水深有利于提高虾池载虾量,但集约化养虾池底有机物沉淀多,光线较弱,还原能力强,同时水太深又使池水流速减小。青蛤营底栖生活,因此水太深对贝类和对虾都不利,必须因时、因地制宜。

2. 封闭式内循环系统养殖

虾类或鱼类养殖池塘排出的肥水进入贝类养殖池塘,经青蛤等贝类滤食后去除大部分单胞藻类及有机颗粒,再经植物及生物包处理去除水体中的可溶性有机质,净化后再进入虾类或鱼类养殖池。如此不断循环。

该养殖模式的优点是:系统内水质稳定,可控度高,有利于给养殖对象提供优良的生态环境;水体在系统内循环,减少了外源海水带来病原微生物及敌害生物的机会；系统运行中基本不向环境中排放废水，使养殖海区的环境得到保护，有利于沿海地区的海水养殖业的可持续发展。

该养殖模式的初步生产试验已取得较好的成果，正处于进一步的完善、规范之中。

6.3　缢蛏

缢蛏广泛分布于我国南北沿海滩涂，是闽、浙两省贝类养殖的主要品种，养殖历史悠久，近年北方海区也逐渐开展养殖，具有成本低、周期短、产量高、收益大、管理简便、生产稳定等优点。

缢蛏肉味鲜美，营养丰富，除鲜食外，还可制成蛏干、蛏罐头等；肉有滋补、清热、除烦、止痢等药用功效，壳可用于治疗胃病、喉痛等，有广阔的销售市场。

目前，应用于缢蛏苗种生产的技术措施主要有：采捕野生苗、半人工采苗（围塘整涂采苗）、半人工育苗（拖幼育苗）、土池育苗和人工育苗。各地可根据本地的地理环境条件，因地制宜，探讨适合本地缢蛏苗种生产的方法，生产优质的苗种。

6.3.1　缢蛏的半人工采苗

根据缢蛏的繁殖规律和缢蛏苗喜欢附着于新土上的习性，对缢蛏繁殖的海区滩涂底质进行人工改造，使缢蛏苗附着在人工修筑的苗埕上，从而采到大量的缢蛏苗。

长期生产实践，总结出了围塘整涂的停苗技术。通过围塘整涂，可以减轻风浪的影响，缓和潮流，稳定涂面，增加新油泥，使涂质柔软、新鲜、湿润、平整，造成适合稚贝附着和生长的优良环境。

6.3.1.1　围塘整涂

选择在自然蛏苗较多的涂面。因为有自然蛏苗分布，说明这个环境是比较适宜蛏苗附着和生长的，在这样的涂面开展围塘整涂，能显著提高蛏苗亩产量。

同时，在该产苗区的中高潮区，往往由于涂面油泥少，底质干燥易变硬，蛏苗附着后极易引起迁移，采用围塘整涂技术措施，改善底质环境，缢蛏苗增产的效果十分显著。

围塘时间应根据当地海区的具体情况而定;位于内湾港底油泥沉积缓慢的海区,白露过后即可开始;油泥易涨的海区,围塘时间可适当推迟;一般说来,以缢蛏幼虫附着前能沉积 15～20 cm 厚的新油泥即可。

新挖的苗塘要根据地形、位置做好规划,以利挖塘和计算蛏苗产量,每塘面积 50～70 m²;筑塘时,把塘底泥全部挖出(深 20～30 cm),堆在四周筑堤,堤底宽 1.5～2 m,堤岸宽 70 cm 以上,风浪大的海区堤岸适当加宽加高,每塘靠近排水沟处留一缺口(水口),一般宽 1 m 左右。

塘堤筑好以后,翻耕塘内涂泥 20 cm 左右,耙烂涂泥,一次耙不烂的,关上水口浸泡几天再耙第二次,力求精耕细作,使涂泥细腻柔软、稍平。由于塘内涂泥下挖 20～30 cm,因此每两排塘之间必须开一条宽 1 m 左右的进出水沟,延伸到浦沟或底涂,使各塘关排水便利,确保涨落潮水流畅通。

老(旧)塘整涂附苗的工序与新塘相同,群众经验总结:"老塘附苗稀拉,新塘附苗密麻。"因此塘底老泥要全部挖掉,经过翻耙和平整塘底,修好堤坝,关上水口沉积新泥才能获得较好的附苗效果。

6.3.1.2 放水平涂附苗

根据附苗预报的通知要求,及时做好采苗工作。严格掌握放水时间;放水太早涂质易老化,放水太迟缢蛏苗已附着;因此,准确的附苗预报也是正确掌握放水平涂附苗的关键。

为提高附苗密度,在秋末冬初,气候干旱油泥少的情况下,放水附苗时涂面应保持平坦,退潮后稍带"水足"为宜;如遇多雨水年份,塘内涂泥呈稀糯糊状,放水时涂面可做成略带"马路形",苗塘出水口及塘外沟道应更畅通些。总之,放水附苗时,塘底要求保持平整、柔软、湿润、新鲜。

刚附于涂面的稚贝太小,人肉眼看不见;附着 1 个月后,涂面上出现蛏孔,就可直接看出附苗效果。蛏苗塘附苗密度高,生长一般比较缓慢,到了放养季节有些还达不到放养规格。为提高缢蛏苗的产量和质量,可以把苗塘里的苗淌起来,移到潮流畅通、饵料丰富的中潮区,加快缢蛏苗生长。

6.3.1.3 连续平涂提高附苗密度

塘内放水附苗以后,涂泥表面易陈旧老化,而附着初期的稚贝极不稳定,喜迁往新鲜的涂面。因此,在稚贝大移动期间,每周 1～2 d 用秧田耙在涂面上来回推抹 2～3 次,破坏涂面的老化层,使之新鲜,这样,稚贝不仅不迁移,其他地方的稚贝也会向该涂面迁移附着。

根据调查,连续平涂的缢蛏苗产量要高于一次平涂塘缢蛏苗亩产量近 1 倍。

为使连续平涂取得较好效果,应注意以下几点。

1. 涂泥柔软适宜

作为连续平涂的苗塘,涂泥必须是柔软、湿润、油泥厚的涂面,干巴巴的涂面不宜连续平涂。

2. 平涂时间合适

连续平涂时间应自稚贝大批下沉附着后 2～3 d 开始,每天或隔天平涂 1 次,共 7～8 次。

3. 操作得当

连续平涂的操作必须十分细心,以免损伤已附上去的稚贝,一般在潮水刚退时进行,涂面水汪汪,既便于操作,又使稚贝少受损伤。

4. 工具合适

平涂工具要适宜操作,秧田耙与涂面接触的一面,有一定的粗糙程度,便于在平涂时破坏老涂面。

6.3.1.4　整浦附苗

因浦沟两旁坡度大,不能围塘,浦边油泥好,也不需要围塘,只要整涂就能达到增产蛏苗的目的。中高潮区的浦沟两旁附苗密度大,蛏苗生长快,是附苗的优良环境。但浦沟又是船只往返和鱼、虾溯游的通道,造成浦沟两旁的涂面高低不平、残缺不齐,影响了缢蛏苗的附苗。

整浦附苗的方法是:把浦沟两旁的涂泥重新翻耕、耙细,每隔 6～8 m 从浦背开一条小沟通到浦底,使退潮后涂面上的海水从小沟流到浦里去,以免冲坏附苗涂面。到附苗时再耙 1 次、耥 1 次,使涂面平滑、涂质细腻。在附苗涂面周围插上树枝或竹竿作标识,便于小船往来和捕捉鱼、虾的群众辨认。

6.3.1.5　蛏苗塘的管理

自 9 月围塘蓄水开始,直至翌年 3 月蛏苗收获,要根据不同的季节及缢蛏苗生长发育的不同阶段,及时采取相应的管理措施。

1. 附苗前的苗塘管理

主要是防止围塘漏水,确保塘内积蓄一定深度的海水。同时要做好防护工作,严禁进入附苗塘内捕鱼、虾,以免损坏涂面,倒塌堤岸。

2. 附苗期的苗塘管理

由于塘内积水全部排出,要防止塘堤倒塌,及时护理被潮流冲坏的进出水口和涂面,遇到附苗涂面干燥无油泥时,把水口稍加高些,使附苗塘在退潮后能保留薄的水层,防止老化干裂,反之,若涂面稀烂泥多时,可将水口开低一些,使在退潮后塘内积水尽快排出。

3. 附苗后的苗塘管理

除了经常下涂巡查管理以外,附着20余天的稚贝,在涂面出现小孔时,要求涂质软而不烂,退潮后蛏孔能展开来。如果涂质稀烂,蛏孔展不开来,蛏苗就会逐渐减少,群众称为"半塘积水半无收,全塘积水工白丢"。因此,必须在稀烂、积水的涂面四周开一条小沟通往涂外,使涂质逐渐结实起来。

附着1个多月以后,幼贝基本稳定下来,如遇上气候干旱、油泥少时,会影响蛏苗的生长速度,这时就要做好关水口工作,位于高潮区的苗塘,小潮水期间关水口3~4 d,可改善涂质。

寒冬腊月结冰期间,若要关水口保暖,就得满水,若不关水口,退潮后涂面不能积水防止冰冻。

6.3.2 缢蛏的人工育苗

6.3.2.1 亲贝的选择

挑选壳长5 cm以上,外表完整、体质强壮、性腺发育好的1~2龄的缢蛏养于饵料丰富的自然海涂或土池内。

随时检查亲贝的性腺发育程度。一般在9月下旬至11月上旬进行分批产卵,多在农历初三、十八的2~3 d内;根据这一规律,结合性腺成熟度的观察,便可确定催产日期。

6.3.2.2 催产与孵化

常用催产方法是阴干和流水相结合。先将亲贝阴干6~8 h,然后移于水泥池或吊挂于池中,流水2~3 h,催产时适宜水温19~28℃,海水盐度10~26。

1 kg性腺饱满的亲贝,催产1次可获6000万~14 000万个担轮幼虫,每立方米水体以放置1~1.5 kg的亲贝较合适。成熟精卵在海水中受精,在水温21℃、盐度22~25的条件下,受精卵发育经7~8 h,即孵化出膜营浮游生活,孵化中也可采用洗卵及选优工作。

6.3.2.3　幼虫培育

浮游幼虫的培育密度以 3~5 个/mL 为宜;每天换水 1 次;饵料以扁藻为主,兼投牟氏角毛藻等;为防止水质污染,幼虫下池后 3~4 d 彻底清池 1 次,至变态期再清池 1 次。

培育条件为:水温 12~29℃;盐度 8~24;pH 7.8~8.6;光照 200 lx 以下。

浮游幼虫在水中新鲜、水温适宜、饵料充足的条件下,从面盘幼虫至附着变态需 5~8 d,壳长平均日增长 12~20 μm。

6.3.2.4　附苗

幼虫进入匍匐期,必须及时投放附着基,附着基不但能为附着后的稚贝提供必要的栖息环境,还起着促进幼虫变态的作用。附着基采用 200 目过滤的软泥,经处理后使用。

体长 0.5 mm 以下的稚贝,培育密度 40 万~50 万/m² 为宜,随着生长,应及时降低培育密度或将稚贝移入土池中继续培育。稚贝饵料以扁藻为最常用,并可兼投自然海区的油泥或培养的底栖硅藻等,减少光照,使浮游单胞藻下沉利于稚贝摄食。每隔 3~5 d 更换底质 1 次。

6.3.3　缢蛏的养成

缢蛏的养殖方法主要有:平涂养殖、蓄水养殖、池塘混养(与对虾、鱼类混养)。随着养殖业的不断发展,养殖方法日益增多,养殖技术不断完善,各地养殖户根据各地的自然环境条件,依据当地的水温、盐度、底质等客观条件,因地制宜做好管养,以防病害、防死亡为目标,切实做好管理工作,提高养殖产量,增加经济收入。

6.3.3.1　蛏埕(平涂)养殖

1. 养成场地的选择

(1)地形:以内湾或河口附近。平坦并略有倾斜的滩涂,在潮间带中潮区下层至低潮区每天有 2~3 h 干露时间为好。

(2)潮流:要求风平浪静,有一定流速的、潮流畅通的海区。风浪太大,会破坏涂面的稳定性而使缢蛏无法生存,或随潮带来大量泥沙沉积于蛏涂表面,造成窒息死亡。

（3）底质：软泥和泥沙混合的底质均适宜缢蛏生活，以底层是砂，中间 20～30 cm 为沙泥混合（砂占 50%～70%），表层为 3～5 cm 软泥最为理想。

（4）水温与盐度：适宜水温 15～30℃。温度偏高能促进其生长。盐度适宜范围为 6.5～26.2。

2. 蛏埕的建筑

根据地势和地质的不同，蛏埕建造亦不同。

（1）软泥和泥沙底质的蛏埕：软泥和泥沙底质的蛏埕，一般风浪较小，建筑简单，在蛏埕的四周筑成农田田埂式即可。提高 35 cm 左右，这样就可以挡住风浪，保持蛏埕的平坦。

（2）风浪较大的地方：风浪较大的地方，堤坝适当增高，在堤的内侧要开沟，以利排水，为了生产操作的便利，把整片蛏埕划分成宽 3～7 m 的一块块小畦，畦与畦之间开有小沟，小沟除排水外，可作人行道，不致践踏蛏埕。

（3）河口地带砂质埕地：河口地带砂质埕地，易受洪水或风浪冲击而引起泥沙覆盖，可用芒草筑堤，以泥沙覆盖埕面，在埕地四周挖 30 cm 深沟，把芒草成束直立插下，再用一束按置于土中，用土埋好，使芒草露出埕面约 30 cm，也可做成"人"字形芒堤。

堤力求平直、高低一致、厚薄一致，使潮流对堤埂冲击的阻力平衡，以免发生崩塌，造成损失。

3. 整埕

旧蛏埕（熟涂）或新蛏埕（生涂），都要经过整理才能放养，主要有以下 3 个步骤：翻土、耙土、平埕。

（1）翻土：用海锄头、四齿耙等工具，熟涂、软涂翻深 25～30 cm，生涂、硬涂翻深 35 cm，有的滩涂原来是上层沙、下层泥，不适宜养蛏，经翻耕后能使泥沙混合均匀，适宜养蛏。在涂面含沙量高、涂质硬的情况下，机械翻耕可提高工效。

翻耕同时使原来在表层生活的玉螺、珠带拟蟹守螺等翻到涂内使其窒息死亡，土层深处的敌害，如虾虎鱼、章鱼等，应及时捕捉或杀灭。经过翻耕后，涂内洞穴消失，涂质结构紧密。

一般在蛏苗放养前 6 d 进行，翻耕次数越多越好，一般在 3 次左右。

（2）耙土：用四齿耙将翻土形成的土块捣碎，并用密齿耙把表层泥土耙烂梳匀，使涂质细腻柔软。

（3）平埕：用木板将埕面压平抹光,平埕时先重后轻,由埕面两边往中央压成马路形,不使埕面积水,平整时人站在竖田沟上操作,逐渐后退,把留下的足迹压平。

翻土、耙土、平埕的时间和次数,依埕地软硬而不同。含沙量大的埕地,要"三翻、三耙、一压平";软泥底质的埕地,只要"一翻、一耙、一压平"。前者多在播种前 2 周进行,后者可在播种前 2～3 d 进行。多次翻耙、精耕细作是提高单位产量的重要措施。

4. 播种

（1）播种时间：由于各地自然条件不同,种苗生长快慢不同,当蛏苗长到 1.5 cm 时就可移植播苗。从农历 12 月上旬开始,直到翌年 3 月中旬,在适宜的播种季节内,提倡早播,因为早期气温低,种苗运输成活率高,且播后生长期长、产量高,俗云"正月种金、2 月种银"。

播种一般在清明节前结束。

（2）播苗方法：播苗都在大潮汛期间进行。原因是大潮汛期间采收的蛏苗质量好,途中运输的存活率相应较高,且大潮时蛏埕干露时间长,播苗后有足够时间让蛏苗钻涂,提高钻潜率,减少损失。

播苗方法有抛播与撒播,抛播适用于埕面宽的蛏埕,撒播则适于狭窄的蛏埕;播苗力求均匀,可按蛏埕面积大小称好蛏苗,先播 85％左右,余下的作为补苗用。

播种量依埕地土质软硬、蛏苗大小和潮区高低而定,沙质埕地播苗要增加 50％,低潮区可适当增加苗量。在含泥多的蛏埕,每亩可播蛏苗 70 kg（壳长 1 cm 左右）。

（3）播苗注意事项：蛏苗运到目的地时,应放在阴凉处 1 h 左右,并将苗篮振动几下,使其出入水管收缩,水洗时不至于大量吸水而影响钻潜率。

当潮水涨到埕地半小时前应停止播苗,否则蛏苗未钻入涂中,易被潮水冲走。

播苗时避免雨天,如必须播苗,可把埕地再细耙一遍,播上蛏苗,然后再把埕土推平。

播前遇淡水或洪水,因涂面盐度低,蛏苗不会钻穴,这时每亩可撒粗盐 7～13 kg。以利蛏苗钻穴。

5. 涂间管理

从放养开始到起捕结束,短则 6~7 个月,长则 15~16 个月。

(1) 放养初期的涂间管理:放养 2~36 h 后,下涂检查蛏苗的成活率,从涂面死壳、蛏孔稀密看成活率的高低,发现存活率低,应立即补苗。

以后每周都要下涂检查,尤其是大风浪过后要及时下涂检查,被风浪冲击成高低不平的涂面应立即填平或削平,蛏涂周围的水沟和堤坝要经常护理,把荒涂上的海水、淡水及泥沙引到大海里去,不至冲刷蛏涂。

(2) 夏季管理:进入夏季,气温高,蛏涂缺少油泥,涂质变硬,内湾蛏涂容易出现"独个眼",此时要及时耘苗。

选择在大潮退潮后,用双手在涂面上摸,破坏涂面老化的表层。耘苗后如果涂质还是干硬,1 周后可再耘一次。

靠外海蛏涂受风浪冲刷,涂面经常出现窟窿,退潮后积水被日光晒得发烫,穴居于涂内的蛏易被烫死,因此要及时填平积水涂面。

为适应夏季高温和多雷阵雨天气,应疏通沟道,把蛏涂面平整成"马路形",不使涂面积水,使涂面结实起来,形成稳定的生活环境。

(3) 繁殖期管理:繁殖期和繁殖期以后,缢蛏体质十分虚弱,对外界不利环境的防御和抵抗能力极弱。群众经验认为蛏最怕"白露汤",即指白露前后的台风暴雨,此时稍不注意,死亡率即会很高。

因此必须加强涂间管理,产卵前要疏通蛏涂四周的水沟和每行之间的小沟,并通过平整涂面填平水潭,使"马路形"涂面保持平整、结实,有利于排水。

同时,秋季鱼害和病害也相当严重,应做好预防工作。

(4) 2 龄蛏的管理:1 龄蛏从秋末繁殖以后经过冬季的恢复,进入 2 龄阶段,2 龄蛏对环境的适应范围更广,对不利因子耐受程度也加强了,但经常性的涂间管理工作仍不能忽视。

经常下涂巡回检查,了解涂面受风浪、潮汐、暴雨的冲刷情况,油泥好坏,蛏埕防护建筑有无损坏,蛏涂周围和每行之间的大小沟道是否保持完整,水流是否畅通,尤其是春末夏初梅雨季节,更要及时下涂巡查、蛏涂若被破坏,应及时组织力量抓紧维修。

同时继续改造涂面,2 龄蛏要求涂质结实,含水分少,涂面稳定,因此要继续通过正确措施使蛏田越盖越凸,能经受潮汐风浪的冲击。

6.3.3.2　蓄水养蛏

高潮区滩涂由于位置高、潮水淹没时间短、油泥少、涂质硬,除了产苗区围塘整涂培育蛏苗外,尚有大片滩涂没有利用,可以因涂制宜,进行蓄水养蛏。

1. 蓄水土池的修建

土池面积因地而异,小则 0.5 亩,大则 5～10 亩。池面积太小,夏季退潮后水温升高快,不利于蛏的生活;土池面积太大,则管理不太方便。

堤岸在 12 月至翌年 1 月的小潮水时修筑,用池内涂泥堆积筑堤,筑堤太迟,堤岸泥土不结实,蓄水后容易倒塌。

土池面积大,堤岸相应宽大些,一般面积为 1～2 亩,堤岸底宽 2～2.5 m、高 1～1.5 m。

根据池面积大小,设 1～2 个进出水口,池内四周沿堤底附近挖一条宽和深都是 1 m 左右的环形沟,池内涂面划成 3 m 宽的蛏涂块。

2. 播种

为了在繁殖季节前达到商品规格,做到当年起捕,要求蛏苗质量好、个体大。小苗在惊蛰至春分放养,大苗放养不超过清明节;放养小苗每亩 20～25 kg,大苗每亩 40～60 kg,蛏苗量要达到 25 万～30 万个/亩。

3. 管理

每天下涂巡查,严防漏水、崩堤。一旦崩堤,小潮水期间不能进水死亡,要及时用水泵抽水抢救。

每逢大潮水期间,放水一次。捕捉池内鱼、虾,消除敌害,平整涂面(盖畦),更新水质,促进生长。换水要选择晴天进行。蓄水深度 30～40 cm,夏至以后气温高,蓄水深度可保持在 50 cm 以上,退潮后水温上升慢,适合蛏的生活,环堤沟保持畅通,也能起到调节水汲的作用。

蓄水养殖一般在中秋节前收完,留池时间长,繁殖季节蛏死亡率高,且管理需要工时多,故不宜作 2 年收成。

4. 蓄水养蛏的优点

(1) 可以充分利用高潮区的荒芜滩涂。

(2) 蛏生长快、质量好,可实现稳产、高产,一般比平涂养殖增产 40% 左右。

(3) 苗种存括率高,苗种省,成本低,与平涂相比,可节约苗种 40% 左右。

（4）蓄水养蛏，蛏的洞穴较浅，起捕方便。

（5）蓄水养蛏需要筑堤，管理要勤，需要工时多，但每月2次换水，能捕获一些小鱼、虾，可以弥补多费工的费用。

6.3.3.3 蓄水—平涂—蓄水养殖

利用蓄水养殖、平涂养殖的优点。在不同季节进行养殖方式的转换，达到高产、稳产的目的，具体做法如下：

在养蛏前期和后期采用关水口蓄养，此时水温适宜，饵料生物丰富，适宜其生长，生长速度明显快于平涂养殖。

夏季高温时放水进行平涂养殖，以安全渡过高温期和台风期。

6.3.3.4 混养

综合利用池塘资源，水中养虾，池底养蛏，提高虾塘的经济效益，并可促进对虾养殖业的巩固和稳定发展。

1. 混养池塘的条件

要求底质软硬适当，过软不利于蛏生长；应保持滩面水位1～1.2 m及以上；塘底平坦，中央滩面至环沟有一定坡度；适宜的海水盐度，具有较好的自然纳湖能力。

2. 池底改造

当年2～3月，做好虾塘的加固、清淤、消毒、安装拦网等放养前的准备工作，必须将塘底的黑泥彻底挖掉，以防水质污染和细菌大量繁殖，溶塘药物可选用生石灰、漂白粉等。

选择环沟内侧平坦的中央滩面（环沟中及岸边的投饵场切勿用来养蛏），深翻15～20 cm，耙细耙平，蛏涂面积宜控制在中央滩面积的1/3，蛏涂面积过大则严重影响蛏的生长。

蛏苗放养前15～20 d，进水30 cm，每亩施氮肥5 kg、磷肥0.5 kg，分2～3次投放，也可使用经发酵的有机肥料（16.7～33.3 kg/hm^2）。

3. 蛏苗放养

切忌淡水浸过的蛏和田夜蛏苗，否则死亡率大，塘底易受污染而导致大面积死亡。

蛏苗放养在4月上旬（在虾苗长成3 cm以前），每亩播苗数量60～70 kg（规格5000粒/kg）。

4. 日常管理

虾、蛏放养后,虾塘的投饵、水质管理等应以养虾的管理要求进行,不必考虑养蛏。

在前期,如果水质特别清瘦,每亩可加投打成浆的小鱼虾 200～300 g,促进对虾生长及提高成活率,平时应投足饵料,保证对虾饱食,以防对虾饥饿而食蛏,在高温期应适当增加水位。

养成期间,发生敌害生物或虾病,可用药物防治,用药量应计算准确,几种常用药物剂量为:高锰酸钾 5 g/m³,漂白粉 3～4 g/m³。茶籽饼 15～20 g/m³。

虾、蛏混养的蛏,生长快、体肥壮,一般至 8 月底壳长可达 6 cm 左右,体重 100 只/kg 以内,此时即可在大排大灌时陆续起捕。

至 9 月底 10 月初对虾起捕时,蛏一般可达 60～80 只/kg,均可大量收获。也可留至春节前后起捕,效益更佳。但对虾起捕后,必须灌满塘水,并注意经常纳潮换水,施肥培饵,保证蛏正常生活。

6.3.3.5　围网养殖

1. 围网

围网面积 2/3 hm² 左右,网片采用目径 1 cm 的聚乙烯机织无结节网片,网高以高出大潮高潮面 20 cm 为宜。施工时,先按设计网围的大小,将撑杆(直径 10～15 cm、长 2～3.5 m 的竹竿或木杆)插好,网片用上下纲(60 股聚乙烯绳)拴好,沿撑杆内侧把上纲平行系在撑杆上,下纲埋入滩中压实固定。

2. 苗种放养

在 3 月中旬至 4 月初气温 10～20℃时放养。放养时,需松滩整畦,畦间留有水沟,以利人员行走和排水。每亩放苗 70～100 kg 为宜(壳长 1.2～1.8 cm,规格 2500～5000 粒/kg)。

3. 日常管理

认真仔细检查围网的紧固程度,发现隐患及早排除,发现破漏及时修补,以防敌害生物侵入。

6.3.3.6　高效养殖技术要点

选好养殖场地;建造标准模式蛏田;精心选、运蛏苗;适时播种,合理密植;加强涂间管理;适时采捕。

6.3.3.7 缢蛏病敌害及防治措施

1. 生物敌害及其防治

生物敌害的种类主要有：鸟类、鱼类(主要包括箭鳗、红狼牙虾虎鱼、赤虹、鲻、弹涂鱼)、蟹类、玉螺科种类、婆罗囊螺、凸壳肌蛤、蓝蛤、蛸类、多毛类、藻类等。

鸟类可挂网或用土枪、鞭炮、锣鼓等惊吓驱逐,也可在蛏苗密集的涂面四周盖网或围上 40～50 cm 的破网片。可在有害鱼类经常往来的浦沟边或平涂上放置一排排"拉钩"来捕捉有害鱼类或在滩面上插 30～40 cm 长的竹签,每平方米插 45～63 条做障碍物,使鱼不敢侵入蛏,弹涂鱼可在退潮后用甩钩的方法来捕捉。

蟹类主要采用捕捉方法来防治;也有采用四齿耙(齿长 3 cm 左右)来回耙动涂面,闷塞蟹洞,迫使其涨潮后逃走。玉螺等肉食性贝类可采用手工捕捉,也可配制 0.2%～0.3%的苯酚,喷涂蛏田,迫使其爬出洞口,用手捕捉。凸壳肌蛤、蓝蛤可在干潮时用耙耙除或用刮苗袋刮走。

蛸等可手工捕捉,或设章鱼笼诱捕。

沙蚕主要采用预防方法,在放苗前用茶籽饼彻底清涂,再翻耕整理,效果较好。

食蛏泄肠吸虫可在放蛏苗前,对一些曾发病的海涂彻底清除,每亩用漂白粉 500 g 掺水 50 kg 泼洒,杀灭终宿主和虫卵。

2. 自然灾害及预防

主要自然灾害有洪水、高温和污染等。

(1)洪水:加固蛏堤,疏通水沟,平整海涂,以利泄水;洪水过后,及时清除蛏田积水和覆盖的泥沙,使蛏恢复原来的生活环境。

(2)高温:夏季随潮而流经蛏田的"潮头水"温度过高,一旦进入蛏田,往往会烫死蛏,可在蛏田下缘筑一道矮堤,"潮头水"被土堤阻挡,不会直接冲向蛏田。

(3)污染:潮流缓慢、涂质肥沃的海区,容易受硫化物等有毒物质污染,散发出强烈的恶臭,尤其在春末夏初,气温回升,涂泥中不断放散出硫化氢等有毒气体,造成蛏缺氧、中毒,发生大面积死亡。

预防方法有:

(1)播苗前,必须深翻曝晒海涂。

（2）提倡轮养,海涂养蛏不宜连续养 3 年。

（3）采收时尽量减少漏蛏,防止蛏残留涂中腐烂变臭。

6.3.4　缢蛏的收获

收获和加工直接关系到缢蛏成品的质量和经济效益。当年放养的蛏苗当年收获称一年蛏或新蛏,一般可达 4 cm 左右;继续放养到第 2 年的称二年蛏或旧蛏,体长可达 7 cm 左右。

收获季节由于地区不同和各地食蛏习惯不同而有差异,一年蛏在 7～8 月开始收获,二年蛏在 3～4 月。

缢蛏起捕后不能久藏,除鲜销外,还可加工。

其收获主要依靠手工操作,工效较低,劳动强度较大。主要有以下几种方法:

6.3.4.1　挖捕（翻涂取蛏）

在涂质柔软、缢蛏栖息密度大的泥质滩涂上,用双手插入涂内,按顺序翻土,边翻边拣出,将泥往身后翻,人慢慢前进。

这样捕获的蛏完整、质量好,每人每潮可捕 35～40 kg,多者能捕 50 kg以上。

在沙泥底质的硬涂上捕蛏,可用蛏刀或蛏锄依次翻土挖掘,挖土深度根据蛏体潜居的深度而定,边挖边拣。

6.3.4.2　捉蛏

在涂质软、蛏密度稀的滩涂上捕蛏,可直接用手插入蛏穴捉取,捉捕时动作要轻快,以免蛏受惊潜入穴底,增加采捕难度。

6.3.4.3　钩蛏

在涂质较硬、蛏密度稀疏的滩涂上,将蛏钩沿蛏穴边缘顺着蛏壳外缘垂直插入蛏体下端,旋转蛏钩,钩住蛏体,拉出涂面。

新手钩蛏由于不熟练,往往容易将蛏往下推,造成起捕困难。

6.4　泥螺

泥螺,属软体动物门腹足纲后鳃亚纲头楯目阿地螺科泥螺属。

泥螺,又称"麦螺"、"梅螺"和"黄泥螺"等,广泛分布于我国南北沿海潮间带滩涂,尤以长江口附近沿海产量最高,品质最好,是我国沿海的小型经济贝类。其肉味鲜美、营养丰富,具有很高的食用价值。

泥螺生活于泥沙底和软泥底,对底质有很强的适应能力,在沙泥、沙质底质中也能生存。营底栖匍匐爬行,在滩涂面上摄食,雨天或天气较冷时多潜于泥沙表层,不易发现。夏季烈日曝晒下极少爬出滩涂表面,晚上则大量出现。

6.4.1 泥螺的苗种生产

泥螺的苗种生产,可采取工厂化人工育苗和土池育苗等技术措施。

6.4.1.1 工厂化人工育苗

室内人工育苗由于费用大,成本高,目前尚难推广。

可利用闲置的对虾育苗场或海珍品育苗场的室内水泥池,提高出苗量。

采集野外卵群在室内孵化,进行浮游幼虫培养,至匍匐幼虫期即移至室外土池中培养,室内水泥池又可作下一茬苗的育苗池。提高水泥池的利用率,从而降低生产成本。

1. 卵群的采集与处理

在繁殖盛期,从泥螺养殖场采回卵群,带回育苗场后,用砂滤海水冲洗清除卵群表面的淤泥、脏杂物,同时剪去卵群柄,冲洗时可加高锰酸钾 10 mg/L 进行消毒处理。

冲洗时尤其要注意冲洗水的水温与卵群的温度,温差不宜超过 2℃,否则极易出现滞育与胚胎畸形。

2. 孵化

卵群经冲洗消毒后可放入孵化池孵化,孵化密度为每升水体 10 个卵群,充气力求均匀、微量,连续充气效果不如间隙充气。

室内孵化率一般可达到 80% 以上。

孵化过程中可适当投喂小球藻等单细胞饵料,投饵量 2 万~3 万 cell/mL,以供刚孵化出膜的幼虫摄食,饵料切忌有原生动物污染或老化的藻液。

孵化时尽量保证孵化水温的恒定,一般在 23~25℃,不宜超过 30℃,温差突变不宜超过 3℃,并保证每天有一定的时间于民以促使卵群三级卵膜的分解而提高孵化率。

每天上午用捞网捞出卵群于其他池孵化培养,原池水经 60～80 目筛绢过滤后倒入幼虫培养池进行幼虫培养。

3. 幼虫培育

出膜浮游幼虫平均壳高约 200.7 μm,平均壳宽 150 μm,浮游期最短 4～5 d (水温 23～25℃),若附泥条件不好或幼虫培养密度过高,浮游期可延长 10～15 d。

幼虫培养密度以 15～20 个/mL 为宜,附着前可适当分池降低培养密度。

每天换水 2 次,每次换原池水 1/4,换水后投喂单胞藻类,如等鞭金藻、小球藻、扁藻等,投饵量以幼虫胃饱满程度来决定,一般保证水体中有藻类细胞 5 万～7 万 cell/mL 或扁藻 1 万～2 万 cell/mL。

在培养过程中,需注意加换水时的温差,温差不宜超过 2℃,否则幼虫受温差刺激极易将软体部缩入壳内而沉底。

每日镜检,测量幼虫生长情况,观察幼虫活动能力及胃肠饱满程度,发现原生动物可用加大换水量来换出原生动物。

浮游幼虫培养 4～5 d 后,其足部伸缩频繁、面盘退化,且常集聚池底爬行,此时即可投入附苗基。

浮游幼虫、匍匐幼虫的适宜生存温度为 -1.5～33℃,存活率以 6℃ 条件下最高,分别为 82.9% 和 67.5%,生长以 22℃ 最快,分别为 5 μm 和 6 μm。

幼虫耐受盐度范围很广,存活的盐度范围在 3.8～43.5。其中,浮游幼虫在盐度 19.6 条件下生长最快,日增长 2.16 μm;存活率以盐度 26.2～32.7 条件下最高,分别达到 92.3%～90.6%。匍匐幼虫存括率和生长速度以盐度 19.6 条件下最好,分别达到 40% 和 2.38 μm。

匍匐幼虫(壳高 258.3 μm、壳宽 187.2 μm)置于室温 18℃、湿度 75%～78% 条件下,干露 4 min 死亡率 10%,10 min 死亡率超过 50%,20 min 内全部死亡。

4. 附苗、稚贝培育

(1)附苗基处理:在自然海区刮取无污染海泥,经太阳曝晒后备用。使用前用海水泡软,200 目筛绢过滤,沉淀,消毒后即可使用。

(2)匍匐幼虫培养:依据培养密度进行适当扩池,保证底上 15～20 个/cm² 幼虫即可,在培养池中直接投经处理的泥浆水,每天一次,每次以底泥厚 1～2 mm 为宜,连续投泥 3～4 d,直至底泥厚 5 mm 即可。

投泥后幼虫营匍匐生活,面盘消失,不再营浮游生活,此时可全换水。换水时,进出水宜缓不宜急。

培育水位10～20 cm,饵料以单胞藻类为宜,最好用底栖硅藻类,也可投扁藻或配合饵料。

匍匐幼虫在室内培养4～5 d后,壳高达300 μm,挑选合适时间,即可移至土池进行暂养。

5. 育苗过程中应注意的事项

(1) 在育苗各个阶段,必须严格控制温差,切忌温差突变在2℃以上。

(2) 注意培养池中的原生动物,一旦原生动物大量繁殖,泥螺幼虫便难以生存,除用加大换水量或投药来控制原生动物数量外,提早投泥亦可有效防止原生动物大量繁殖。

(3) 必须严格处理好附着基,充分曝晒,严格消毒。

6.4.1.2　土池育苗

鉴于采捕野生苗质量、数量难以得到有效保障,且由于苗场与养殖场的水文条件差异、苗种不纯、含杂质多、刮苗时种种原因及运输过程中不科学的方法等,造成苗种质量差,使养殖生产不稳定等,浙江沿海各地亦已开始泥螺土池育苗的生产性工作。

可采用废弃的对虾养殖池或废弃的盐场,稍经改造即可使用。亦可在高潮区筑堤围土池,但此法幼虫流失量较大,难以有效控制敌害生物的大量繁殖。

土池育苗可采用两条技术路线:一条技术路线是将性成熟泥螺作为亲体直接养于塘内,使其在塘内交配、产卵,并在塘内培养浮游幼虫和匍匐幼虫;另一条技术路线则是在泥螺养殖海区采集卵群,于土池内孵化培育成苗。

1. 场地选择和准备工作

(1) 场地:选择涂面平坦、水流缓慢、饵料丰富、各项理化条件符合泥螺幼虫存活生长的软涂,围坝,每塘面积0.1～0.2 hm²,堤高50 cm,退潮后能蓄水20 cm以上的高潮区。废弃的对虾塘或废弃的盐田经改造后,育苗效果尤好。

有条件的可在土池上方建简易竹架塑料薄膜棚,以防烈日和暴雨。

(2) 清塘:在投入泥螺亲体或卵群前半个月,将涂面深翻一次,耙碎泥块。清除杂贝和虾、蟹、鱼等敌害生物,可用药物清塘,用法用量与泥螺养殖前清塘相同。

（3）肥水：清塘后排除积水，在阳光下曝晒消毒，然后耙平涂面，适当施肥，培养底栖硅藻类。

2. 管理及技术措施

在池内放养亲体泥螺，需时时注意亲体的存活及活动情况，发现死亡，必须及时捞除，否则极易败坏水质。

根据底质油泥情况，适当晒涂、换水，保证亲体泥原有一个良好的生活环境，卵群出现后（一般在繁殖期捕获泥螺养于土塘内，2～3 d 即会出现卵群），直至卵群孵化前，均可适当施肥、进排水及晒涂，当卵群大批孵化时，应关上水口培育浮游幼虫，直至匍匐幼虫出现。

采用在土池内直接投放卵群的方法进行育苗的，卵群采集回来后，最好用高锰酸钾清洗消毒。

卵群孵化后约 1 个月，涂面呈花斑状，即表明有小泥螺已匍匐生活，此时宜多蓄水，防烈日曝晒和暴雨，此时不应翻动涂面。

约 2 个月后，肉眼可见小泥螺在爬行，当小泥螺开始出现随天气变化在滩面上爬行或潜居泥中时，应注重水位的控制，适当晒涂，以培养底栖藻类。

待苗种达到 5 万粒/kg 左右时，应及时移苗、分苗。

小苗时一般 1 个月干水 1 次，个体稍长大后，可 15 d 或 7 d 干水 1 次。干水时应严防烈日和暴雨。

一般在育苗前施足基肥，育苗过程中不施肥，当苗开始有潜泥能力时，可考虑施追肥，施肥时间及用量应根据天气情况、涂质、底栖藻类的多寡及泥螺的幼体数量来决定，一段每次可用氮肥 1 g/m³，磷肥 1 g/m³ 或发酵的鸡粪 450～525 kg/hm²，施肥宜少量多次，施肥后 2～3 d 不放水。施肥后泥螺会潜入泥中。

6.4.2　泥螺的养成

近几年来，我国南北沿海的滩涂广泛开展了泥螺的养殖生产，泥螺养殖方法多种多样，大体上可分为滩涂养殖和蓄水养殖。

6.4.2.1　泥螺的滩涂养殖

1. 滩涂养殖的基本方法

滩涂养殖，是指在潮间带滩涂上（一般为中低潮带），先进行简单的翻耕、清涂，然后播撒苗种，在养殖的中后期，也常进行围网，防止敌害生物的侵入和泥螺的逃逸。养殖周期2～3个月,一年一般可养两茬,每茬每公顷产量约1.5 t,成品泥螺规格为500～600粒/kg。

泥螺的滩涂养殖是一项成本低、投资省、收益高、风险小的滩涂养殖产业,具有良好的发展前景。

2. 养殖场地的选择

(1)滩面:养成滩面必须稳定,地势平坦,以油泥(即底栖硅藻)丰富、有机碎屑含量多为好。尤以咸、淡水交汇的内湾更佳。

(2)底质:滩涂底质以泥多沙少、软泥质或以泥为主,掺有少量细粉沙的滩涂为好。

(3)海况:养殖场要求风浪较小、潮流畅通、流速缓慢、地势平坦的海区,风浪过大或河口、洪水区均不适宜泥螺生活。

(4)潮带:一般以高潮带下区至中潮带较为合适。在自然海区中,泥螺分布于潮间带中下区滩涂。

3. 养殖前的准备工作

(1)翻耕:养殖前将养殖涂面进行翻耕,人工翻耕或用船饼机翻耕均可,尤其是老(旧)涂或发生过泥螺死亡的滩涂,必须进行彻底翻耕,否则很难保证以后养殖过程中泥螺不再发生死亡现象。翻耕深度约20 cm,一般翻耕一次即可。

(2)围网:围网网目采用18～20目的聚乙烯或普通塑料纱窗网,一般养殖场网高30～40 cm,也有用高网(网高1.2 m以上)围网的。在网内距围网1 m处挖一条约1 m宽的蓄水环沟,深20～30 cm,可防泥螺外逃。

4. 苗种及苗种运输

(1)苗种质量:苗种起捕后,经海水冲洗干净,除去杂质,以壳色略带黄色为好,切不可购买经淡水浸泡或打过药的苗种。还应注意苗种是否纯正,往往在泥螺苗中杂有大量的婆罗囊螺(泥螺苗与婆罗囊螺很相似,极易混淆)。

(2)苗种规格:早春适宜运输的苗种大小为每千克几千粒至几万粒。

(3)苗种运输:苗种运输可采用塑料袋外套编织袋、海蜇桶或箩筐内套塑料袋装苗种,并扎紧袋口,或封住桶口。运输途中防日晒、风吹,置于阴凉处,一般2 d内可保证苗种存活率90%以上。船运苗种较好,车运应注意路面不平整造成的大幅度震动。泥螺苗放置厚度不宜超过20 cm。

5. 苗种放养

(1) 播苗方法：一般采用干涂播苗。将泥螺苗种放于盆内，用海水轻轻搅拌后均匀撒播即可，力求播苗均匀。播苗最好在大潮退潮后进行，有较长的干露时间。在涨潮前 1 h 应停止播苗。

(2) 播苗时间：各地的气候和海况条件不同，播苗时间也不相同。浙江省南部海区一般在 1 月下旬至 2 月中旬播苗，浙江省北部海区一般在 2 月中旬至 3 月底播苗。

提倡播早苗、播大苗，缩短苗种因起捕、运输等造成的恢复期，充分利用海区早春的高生物量期，促进生长，以保提早收获。

(3) 放苗密度：放苗密度与滩涂质量、管理技术等有关。切不可盲目增大放苗密度。放苗量以 100 粒/m² 左右为宜，按成活率(收捕率)60％计算，养成至 100～125 粒/kg，每亩可收获 50 kg 以上。

播苗后 2～3 d，晴天涂温上升，应检查泥螺苗种的爬行、存活情况，如果没有达到要求的播苗密度，应按损失的情况及时进行补苗。

6. 养殖管理技术要点

每天下滩涂，观察泥螺的活动、生长、存活情况，滩涂平整与否，围网有无破损，敌害生物多寡等，发现问题，及时解决处理。

及时防除敌害生物，一般用人工捉除，如玉螺类、章鱼、蟹等，养殖期间严禁使用药物。

因风浪等引起浮泥淤积过多，或滩面坑坑洼洼高低不平时，应在退潮时，下滩将涂面抹平、抹匀，保持滩面泥土结实、柔软。

养殖后期，应密切注意泥螺生长情况，注意滩涂底质变化、气温条件及风向等，繁殖前期泥螺极易集体逃跑，此时应加紧开始收捕。繁殖季节泥螺品质变差，且产卵后极易死亡，从而影响养殖产量。及时收捕是提高产量的有效途径。

早春养殖注意寒潮、冷空气侵袭，养殖后期则要防范病害。

6.4.2.2　泥螺的蓄水养殖

1. 养殖池的建设

筑以矮堤进行蓄水养成，具体工序如下：

(1) 筑堤：将塘内涂泥翻出，堆积成堤高 0.5～0.8 m，堤宽 1～2 m，根据塘的大小，设 1～2 个进出水口。

（2）平滩：塘底涂面要平整，保持滩面泥土结实、柔软，不漏水。

（3）开沟：在池的四周开一条环沟，以便干露时将塘内积水排干，沟宽 0.5 m，深 0.2～0.3 m。

2. 蓄水养殖

采取的主要措施是：严格控制放苗量，每亩放苗控制在 5 kg 左右，苗种规格 4000～6000 粒/kg；尽量缩短苗种运输时间；苗种放养前彻底翻涂、清涂、深翻约 30 cm，筑坝高 30 cm，养殖期间发现堤漏，及时修补；养殖期间不用药，发现沙蟹等敌害，用手工捉除；及时收捕。

购买苗种应选择在晴天，气温较高，待涂温上升后。泥螺苗自然爬出涂面后进行刮取，这样获得的苗种活力好，爬行能力强，苗种放养后，钻潜率高，不易被潮水冲走，且死亡率低、生长快。此外，还应注意苗种产地与养殖场海域的盐度差异，盐度差异使苗种存活率降低。

养殖滩面是泥螺赖以生存的栖息环境，底质败坏，涂泥变黑、发臭，势必导致泥螺的生存环境恶化，造成泥螺生长缓慢，体质弱，出现死亡。养殖前的翻耕、清涂切不可少；清涂应统一行动，整片滩涂应同时清涂，否则达不到好的效果。

6.4.3　泥螺的收获与加工

6.4.3.1　收获季节与方法

1. 收获季节

泥螺苗经 2～3 个月养殖，可以收捕，规格 350～500 粒/kg。江苏以北沿海泥螺个体大，规格可达 200～250 粒/kg，浙江沿海一般喜食小个体泥螺，规格 400～550 粒/kg。

6 月放养的泥螺苗，至 8～9 月陆续起捕，俗称桂花泥螺、末秋泥螺，品质稍差，产量亦低。

采用暂养吐沙方法、进行品质改良养殖的泥螺，依其吐沙情况、品质改良情况，可随时起捕。

2. 收获方法

起捕常用手工捉捕，捕大留小，也有用手抄网或小船拖网起捕的，拖网后破坏滩面，不利于余下泥螺的生活、生长，极易造成泥螺逃逸，一般情况不采用。

端午节后,尤其在炎热天气,泥螺在白天极少爬到滩面上。可在晴朗无风的夜晚捕捉夜泥螺。相对而言,夜泥螺个体稍大,质量更好。

6.4.3.2　去泥技术

泥螺品质优劣的评价,其中之一便是以胃内(嗦囊内)的"泥精"含量多少来衡量的,而泥精多少与泥螺所生活的栖息环境有密切关系,一般而言,涂泥丰富的滩涂所产的泥螺,肉肥质软,体表多黏液,而底质为沙泥、涂质硬、涂泥少的滩涂所产的泥螺质硬、黏液少,腌制成的咸泥螺则色黑、质差,看上去无光泽。

1. 优质滩涂暂养吐沙

吐沙选择底质柔软、油泥丰富、水流畅通、风浪小的优质养殖滩涂,作为泥螺吐沙、提高品质的暂养地。将含"泥精"的泥螺,按 $30\sim50$ 个/m² 的密度放养于优质滩涂上,根据放养密度、个体大小、滩涂油泥多寡及潮水通畅程度、水温等因子决定吐沙时间,一般情况下半个月即可收捕,品质明显改良。水温低、风浪大、油泥量少的海区,则应适当降低放养密度、延长暂养时间。

2. 土池暂养吐沙

土池一般长 12 m、宽 8 m,蓄水深 $20\sim25$ cm,可利用沿海废弃的盐田,池底及四周铺设一层网布(聚乙烯纱窗网缝合制成),暂养土池附近要有良好的海水水源,并配备好供水设备(水泵、水管等)。土池每平方米面积可投放含"泥精"泥螺 $4\sim6$ kg,撒播前应在土池内注满水,撒播后流水换水,12 h 内换水量达 200%,以消除泥螺体表黏液,并能保持海水中有充足的溶氧,使泥螺有一个适宜的环境。在水温 $25\sim30℃$,盐度 $15.7\sim28.8$ 条件下,一般经过 $24\sim36$ h 的暂养即可吐尽泥沙,吐沙率在 95% 以上。

使用过的网布经清洗、曝晒后可继续使用。暂养时应及时挑拣已死亡的泥螺或碎壳泥螺,暂养时谨防暴雨,盐度过低,可采用换水、泼洒盐卤或食盐的办法来提高盐度。

3. 网箱暂养吐沙

网箱规格 4 m×2 m×0.3 m,网衣用聚乙烯纱网(20 目)缝制而成,底部网衣设置多根纲绳,以便绷紧、绷平,网箱设置在一定水位并有一定水流的虾池或进排水渠中,网箱长边正对水流方向,网箱用木桩或水泥桩固定,网口高出水面约 10 cm,放养量 $6\sim8$ kg/m²,撒播要均匀,减少堆积现象。在水温 $25\sim30℃$,盐度 $15.67\sim28.80$ 条件下,$36\sim48$ h 可吐尽泥沙。

网箱暂养吐沙,事先应检查网箱有无破损,根据水位、水流情况,适当调整网箱的位置与高度,吐沙过程中随时拣去碎壳、死亡的泥螺,以免污染水质。

4. 暂养吐沙的注意事项

(1) 吐沙泥螺个体大,吐沙季节温度高,因此必须注意运输途中时间不可太长,为避免高温,应尽量采用晚上运输。吐沙泥螺起捕、播放操作要小心,严防损伤。

(2) 土池吐沙和网箱吐沙的泥螺必须达到起捕规格。

(3) 严禁收入淡水浸泡过或打过药的泥螺,否则不能吐尽泥沙并影响存活率。

(4) 吐沙过程中,可采用取样解剖方法检查吐沙是否完全、彻底。

(5) 吐沙时发现死亡泥螺,必须及时除去。

(6) 吐沙后,经清洗、消毒后即可鲜销或加工。

附图

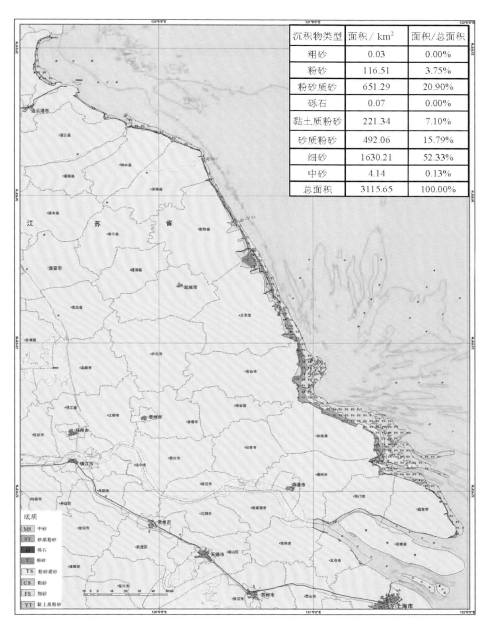

沉积物类型	面积 / km²	面积/总面积
粗砂	0.03	0.00%
粉砂	116.51	3.75%
粉砂质砂	651.29	20.90%
砾石	0.07	0.00%
黏土质粉砂	221.34	7.10%
砂质粉砂	492.06	15.79%
细砂	1630.21	52.33%
中砂	4.14	0.13%
总面积	3115.65	100.00%

附图1 江苏海岸带潮间带沉积物类型分布图(引自江苏近海海洋综合调查与评价总报告)

文蛤　　　　　　　　　青蛤　　　　　　　　　缢蛏

杂色蛤　　　　　　　　四角蛤蜊　　　　　　　贻贝

附图 2　长江口北部主要养殖贝类

附图 3　增殖放流现场

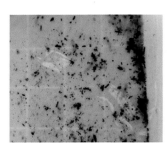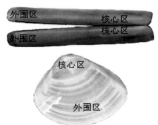

附图 4　文蛤、大竹蛏微量元素分析

附图 5　贝苗工厂化繁育

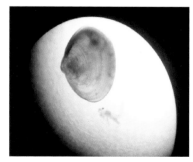

附图 6　亲贝选择与幼苗培育

大规格苗种一级培育（土池）

大规格苗种一级培育（水泥池）

大规格苗种二级培育池

大规格青蛤苗
1000粒/斤

附图 7　大规格苗种培育（青蛤）

虾虎鱼

豆齿鳗

玉螺

章鱼

附图 8　主要敌害生物